乳中活性因子与人体健康系列丛书

乳中活性因子与人体健康
——乳铁蛋白

◎ 孟 璐　郑 楠　主编

中国农业科学技术出版社

图书在版编目（CIP）数据

乳中活性因子与人体健康．乳铁蛋白 / 孟璐，郑楠主编．— 北京：中国农业科学技术出版社，2023.11

ISBN 978-7-5116-6484-6

Ⅰ．①乳… Ⅱ．①孟… ②郑… Ⅲ．乳液—蛋白质—关系—健康—研究 Ⅳ．① Q592.6 ② R16

中国国家版本馆 CIP 数据核字（2023）第 203695 号

责任编辑	金　迪
责任校对	李向荣
责任印制	姜义伟　王思文

出 版 者	中国农业科学技术出版社
	北京市中关村南大街 12 号　邮编：100081
电　　话	（010）82106625（编辑室）　（010）82106624（发行部）
	（010）82109709（读者服务部）
网　　址	https://castp.caas.cn
经 销 者	各地新华书店
印 刷 者	北京建宏印刷有限公司
开　　本	170 mm×240 mm　1/16
印　　张	5.875　　折页 1
字　　数	91 千字
版　　次	2023 年 11 月第 1 版　2023 年 11 月第 1 次印刷
定　　价	36.00 元

◀━━ 版权所有·侵权必究 ▶━━

乳中活性因子与人体健康——乳铁蛋白

编委会

主　编　孟　璐　郑　楠

副主编　刘慧敏　张养东　赵圣国　杨　雪

参　编　（按照姓氏拼音排序）

　　　　许文君　侣博学　张　萱　周淑萍

序 言

奶，常被称为"自然界最接近完美的食物"，不仅在传统上被视为营养的源泉，更因其丰富的活性成分而备受关注。在当今大健康时代，我们对奶的理解已超越了对其基本营养功能的认识，深入到了它所包含的各种活性营养成分及其对人体健康的深远影响。

奶中含有多种活性因子，这些成分不仅提供基础营养，还具有重要的生物功能。例如抗菌、抗炎、抗病毒和免疫调节功能，还有促进细胞生长和修复，促进大脑、骨骼、肠道等器官发育等作用。

近年来，学者们对奶中的活性因子进行了大量研究，这些研究揭示了奶中活性因子的多种健康益处和潜在机制。奶中的活性营养成分共同作用，为人体提供了全面、均衡的营养，同时在促进健康、预防疾病方面展现了多种生物功能。深入研究奶中的活性营养成分，不仅有助于我们更好地理解奶的营养价值，还能为奶制品的开发和应用提供科学依据，最终为人类健康带来更多福祉。

在《乳中活性因子与人体健康系列丛书》中，我们将系统探讨奶中的主要活性营养成分及其生物功能，揭示这"自然界最接近完美的食物"内在的科学奥秘，期望为读者提供全新的视角和深入的理解。旨在帮助读者掌握科学的饮食知识，合理地将奶制品融入日常饮食中。通过这套书，读者不仅可以提升对奶制品的认识，还能学会如何在生活中更好地利用这些营养成分，以提高自己的生活质量和健康水平。我们真诚地希望，这套书能够成为广大读者的健康指南，带给大家更加美好和健康的生活。

前 言

近年来，乳中活性蛋白的营养功能备受关注，其中乳铁蛋白因其独特的生理功能而受到了广泛的关注。随着研究的深入，乳品加工技术的升级与创新，人们对乳铁蛋白的认知逐渐明晰。乳铁蛋白由乳腺通过腺上皮细胞分泌，约占乳清蛋白的1.4%，初乳中含量约为0.82 g/L，成熟乳中含量为0.03~0.49 g/L。乳铁蛋白由一条简单的多肽链组成，约含有700个氨基酸，折叠成两个球状的羧基和氨基端叶，这两个端叶是通过α-螺旋连接的区域。如何真实地反映及评价乳及乳制品中乳铁蛋白的含量成为评价其质量的关键，目前用于检测牛奶中乳铁蛋白的方法很多，主要有电泳法、免疫化学法、色谱法等。乳铁蛋白的活性营养功能主要体现在促进肠道健康，抗炎、抗菌、抗病毒、抗氧化、抗癌，促进铁吸收来预防贫血，促进骨再生以及发挥神经保护作用等，且乳铁蛋白为天然无毒无害产物，被广泛应用在食品、化工、医药、畜牧养殖等领域。

针对乳铁蛋白的高营养品质生物活性和生物学功能属性，本书重点介绍乳中乳铁蛋白的结构、检测方法、生物学作用以及应用，旨在为乳铁蛋白的功能活性基础研究以及乳功能基料的产业化提出新思路，为乳品行业技术创新提供参考。

由于作者水平有限，书籍中疏漏之处在所难免，敬请读者批评指正。

目 录

1 乳铁蛋白的生物学特性 ·· 1
   1.1 乳铁蛋白的分布 ·· 2
   1.2 乳铁蛋白的结构 ·· 5

2 乳铁蛋白的检测方法 ·· 11
   2.1 免疫学分析法 ·· 12
   2.2 色谱分析法 ·· 14
   2.3 电泳法 ·· 17
   2.4 其他方法 ·· 19

3 乳铁蛋白的生物功能 ·· 23
   3.1 乳铁蛋白对肠道健康的作用 ·································· 24
   3.2 乳铁蛋白的生物学功能 ······································ 30
   3.3 乳中不同铁饱和度乳铁蛋白功能的差异 ························ 43

4 乳铁蛋白的应用 ·· 55
   4.1 乳铁蛋白在食品中的应用 ···································· 56
   4.2 乳铁蛋白在畜牧业中的应用 ·································· 64
   4.3 乳铁蛋白在医疗中的应用 ···································· 65
   4.4 乳铁蛋白在化妆品中的应用 ·································· 66
   4.5 结语 ·· 67

参考文献 ·· 68

1 乳铁蛋白的生物学特性

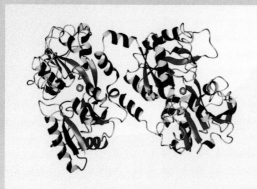

1.1 乳铁蛋白的分布

蛋白质是乳中最有价值的成分之一，包括乳清蛋白、酪蛋白等，而且其还具有独特生物活性和食品功能双重属性。乳清蛋白主要包括 α-乳白蛋白、β-乳球蛋白以及乳铁蛋白（Lactoferrin，LF），其中 LF 是一种天然存在乳中的蛋白质，因其众多强大的功能而受到广泛研究（Li 等，2017）。LF 是 Sorensen 等（1940）在研究牛奶的抗菌特性时被首次发现，但是直到 20 世纪 60 年代才被纯化出来。LF 最早被鉴定为哺乳动物乳汁中的红色蛋白，因能螯合 Fe^{3+} 和 Fe^{2+} 等游离离子，因此又被归入金属蛋白组（Ashraf 等，2023）。LF 作为转铁蛋白家族中一种无毒的天然阳离子铁结合糖蛋白，其分子量约为 80 kDa，存在于许多哺乳动物的乳汁中，例如猪、牛、水牛、马、人、绵羊、骆驼、山羊、老鼠的乳汁；以及许多生物分泌物中，包括泪液、唾液、阴道黏液、精浆、鼻腔和支气管分泌物、胆汁、胃肠道液体和尿液等（Albar 等，2014；Niaz 等，2019；Baker 等，2005）。

LF 是先天性免疫功能的关键组成部分，可导致适应性免疫系统的激活，母乳是婴儿的理想食物，也是 LF 的重要来源，由乳腺通过腺上皮细胞分泌（Ashraf 等，2023）。LF 是母乳中含量第二丰富的乳清蛋白，研究表明，每天给婴儿和儿童补充 0.1～1.0 g LF 是有益的（Rai 等，2014）。初乳是一种营养丰富的乳汁，在最初关键的几天里为新生的生命提供支持，其由雌性哺乳动物在分娩后立即产生，与成熟乳不同的是初乳含有更高浓度的 LF（Silva 等，2019），同时也富含免疫和生长因子，在新生反刍动物的健康状况中起着核心作用（Zeineb 等，2015）。LF 约占乳清蛋白总含量的 1.4%（Liu 等，2023），研究表明哺乳动物的乳汁中 LF 的浓度取决于物种、营养情况、哺乳时间等因素，其中牛和人类是最普遍的来源（Li 等，2019b；Abd EL-hack 等，2023）。对正常泌乳奶牛的乳中 LF 浓度的研究表明，泌乳期和日产奶量对 LF 浓度的影响最大，胎次与 LF 浓度无相关性（Cheng 等，2008）。从初乳到过渡乳和成熟乳，LF 浓度下降的原因可能是哺乳时间的延长导致蛋白质生产率降低，或乳汁合成增加导致 LF 被稀释。

母乳初乳的 LF 含量为 6～8 g/L，而母乳成熟乳中 LF 的含量降到 2～4 g/L（Niaz 等，2019）。一项研究发现，824 名中国足月分娩产妇乳汁的初乳、过渡乳和成熟乳中的 LF 浓度分别为 3.16 g/L、1.73 g/L 和 0.90 g/L（Yang 等，2018）。母体特征对乳汁中 LF 浓度的影响很小，但是中国不同的地理区域和民族中母乳的 LF 浓度存在差异（Yang 等，2018）。与母乳相比，生牛乳中的 LF 浓度相对较低，初乳约为 0.82 g/L，成熟乳为 0.03～0.49 g/L（Cheng 等，2008；Kehoe 等，2007）。由于乳清蛋白的热敏性，实际的蛋白质含量变化很大。生鲜牛乳中 LF 的含量随着牛乳加工热处理的温度升高而逐渐降低，Chen 等（2019）测得热处理乳和生乳中的 LF 浓度范围是 0.8～44.9 mg/L。在热带地区水牛乳是主要的蛋白质来源之一，与牛乳相比，水牛乳也具有潜在的健康益处。Abd El-Fattah 等（2014）将产后首次挤奶的水牛和奶牛初乳分别在 63℃、60℃或 72℃条件下热处理 30 min、60 min 或 15 s，然后 -20℃或冷冻干燥储存。结果发现两种动物的初乳经 63℃高温灭菌 30 min 或 72℃高温灭菌 15 s 后，其 LF 浓度显著降低。Giacinti 等（2013）利用十二烷基硫酸钠 - 聚丙烯酰胺凝胶法（sodium dodecyl sulfate-polyacrylamide gel electrophoresis, SDS-PAGE）对水牛乳中的 LF 进行了定量测定，结果显示所有样本的 LF 平均浓度为（0.332±0.165）g/kg，范围为 0.030～0.813 g/kg，但不受胎次的影响。奶酪产品的生产加工过程中会产生大量的乳清，目前也有研究表明通过交叉流超滤可以把这部分乳清中的 LF 浓度提高 30 倍（Ostertag 等，2023）。母猪乳汁的商业价值较低，但其却是仔猪早期生长和发育的唯一营养来源。为量化猪乳中的 LF 浓度，在初乳、过渡乳和成熟乳的 3 个泌乳期采集 65 头母猪的乳汁，并使用超高效液相色谱对猪哺乳期乳中 LF 浓度进行分析，结果发现猪初乳中 LF 的浓度为 9.68 mg/mL，哺乳中期为 3.69 mg/mL，哺乳后期为 3.22 mg/mL（Jahan 等，2020）。该研究中猪乳 LF 的浓度高于以往的结果，因此推测是猪乳样本收集方法（使用/不使用催产素）、制备和定量方法的差异造成的。Yang 等（2000）研究认为，猪乳中的 LF 浓度会缓慢下降，尤其是在哺乳期的第一周，血清和乳汁中 LF 浓度呈显著正相关，并且泌乳期 28 天内呈稳定下降趋势。骆驼 LF 在成熟乳和初乳乳清中大量存在，同样的其初乳中 LF 浓度高于成熟乳。骆驼初乳的成分与普通牛乳不同，因为它含有更高含量的乳清蛋白，El-Hatmi 等（2007）的研究提到，骆驼乳（产后 192 h 内）含有 0.7～2.3 g/L 的 LF。牦牛是喜马拉雅地区高海拔雪山区域最主要的产奶基因型物种，中国是世界上牦牛数量最多的国家，约有 1300 万头，占世界总量的 93.7%（Singh 等，2023；Joshi 等，2020）。此外，也有研究发现牦牛乳中 LF 含量比奶牛乳高出 30%（Chen 等，2021）。驴乳的营养成分与其他物种（牛、绵羊、山羊和骆驼）的乳有很大不同，但与母乳相似，具有低致敏等特性（Balos 等，2023）。与奶牛相比，驴的产奶量较低，根据 6 个不同国家的研究数据，发现一头母驴的平均产奶量为（1.57±1.12）kg/d，而且这受品种、饲喂、泌乳阶段、泌乳次数、产驹季节、挤奶程序、日挤奶次数、泌乳能力、母驴健康、生产国家等诸多因素的影响，其 LF 的浓度约为 0.08 g/L（Kaskous 等，2022；Balos 等，2023）。山羊乳蛋白在营养和功能特性方面是非常独特的，近年来越来越受欢迎。2018—2019 年，全球约有 10.03 亿只山羊，其中约 2.03 亿只被确定为奶山羊，每年生产 1 526 万吨山羊乳（Alkaisy 等，2023）。为定量测定新西兰奶山羊乳中 LF 的浓度，Hodgkinson 等（2008）在泌乳期不同时间内采集健康奶山羊鲜乳样品，并使用酶联免疫吸附测定法进行试验，结果发现奶山羊泌乳早期 LF 的浓度为 4.0～99.8 mg/L，泌乳中期为 2.0～120.3 mg/L，泌乳后期为 9.4～2 941.8 mg/L。Hiss 等（2008）在 19 只山羊的整个泌乳期收集奶样，并采用 ELISA 法测定山羊乳中 LF 的浓度，结果发现初乳中 LF 浓度最高，约为 0.39 mg/mL，在接下来的一周，检测浓度下降到初乳的 20% 以下，此后直到第 32 周，每周平均浓度为 10～28 μg/mL，接近哺乳期结束时浓度开始增加，并在第 44 周达到（107±19）μg/mL。驴乳中检测到的 LF 浓度与山羊乳中的相似，但低于母乳中 LF 的平均水平。马乳与牛乳、山羊乳等相比产量较低，生产成本高，但它传统上却一直是我国内蒙古地区重要的乳源，马乳中 LF 的含量约为 0.58 g/kg（Pagliarini 等，1993），其成分接近母乳，在缺少母乳的情况下，马乳可能是新生儿的良好营养来源。表 1.1 显示了不同种类的乳和初乳中 LF 的浓度。

表 1.1 乳源性 LF 的来源和浓度

来源	浓度	参考文献
人初乳	5.80 mg/mL	Montagne 等，2001
牛初乳	0.82 mg/mL	Kehoe 等，2007
骆驼初乳	0.81 mg/mL	Konuspayeva 等，2007
山羊初乳	0.39 mg/mL	Hiss 等，2008
母乳	2.00 mg/mL	Montagne 等，2001
牛乳	0.03 mg/mL	Cheng 等，2008
骆驼乳	0.06 mg/mL	Konuspayeva 等，2007
山羊乳	0.17 mg/mL	Chen 等，2004
驴乳	0.08 mg/mL	Balos 等，2023
马乳	0.58 g/kg	Pagliarini 等，1993
猪乳	3.69 mg/mL	Jahan 等，2020
水牛乳	0.332 g/kg	Giacinti 等，2013

1.2 乳铁蛋白的结构

LF 是一种无毒的阳离子糖基化球形蛋白，最早被鉴定为哺乳动物乳汁中的红色蛋白。LF 因其众多强大的功能而被广泛研究，包括抗癌、抗炎、抗氧化、抗骨质疏松、抗真菌、抗菌、抗病毒、免疫调节、保护肝脏和其他有益健康的作用，但这些功能性质密切依赖于 LF 的结构完整性，特别是其高阶构象（Wang 等，2019）。LF 的多功能性是由于它属于杂交蛋白类，既具有有序结构域，又具有重要功能的内在无序区域，其中包含各种翻译后修饰位点，如磷酸化、乙酰化、脂化、泛素化或糖基化等，从而影响其生物学功能（Albar 等，2014）。LF 的第一个晶体结构由 Anderson 等（1989）于 1984 年确定，这项具有里程碑意义的研究提供了对蛋白质结构特征的深入了解，并有助于解释其多种生物活性。LF 具有有序的二级结构特征，包括 33%～34% 的螺旋和 17%～18% 的链（表 1.2）（Baker 等，2000；Moore 等，1997）。不同种属来源的 LF 氨基酸序列不同，但其同源性约达 70%（Baker 等，2004）。作为一种非血红素铁结合糖蛋白，LF 的分子量为 78～80 kDa（取决于物种），其是由一条简单的多肽链组成，约含有 700 个氨基酸，折叠成两个球状的羧基（C）和氨基（N）端叶，这两个端叶是通过 α-螺旋连接的区域，可进一步分为两个大小相似的亚域：N1 和 N2、C1 和 C2，形成一个叶片状结构（图 1.1）（Rascon-cruz 等，2021）。在 LF 的三级结构中，N1 亚叶由 1-90 和 251-333 序列组成，N2 亚叶由 91-250 序列组成；同样，C1 亚叶由 345-431 和 593-676 序列组成，C2 亚叶由 432-592 序列组成（Baker 等，2009；Steijns 等，2000）。334-344 序列形成一个小的三转螺旋，连接 N 叶和 C 叶，当 LF 释放/结合铁时，这个小的螺旋在结构域的打开和关闭过程中充当灵活的铰链（Baker 等，2009；Steijns 等，2000）。由于遗传多态性和不同的转录和翻译后加工，LF 可以发生多种变异（Mariller 等，2012）。Wang 等（2019）研究表明母乳和牛乳的 LF 分别由 691 个和 696 个氨基酸组成。LF 的结构不如转铁蛋白灵活，其连接体由三转螺旋组成，连接两个端叶，这种连接物可能介导端叶之间的协同作用，有助于提高其在低 pH 值下结合铁的能力（Baker 等，2004）。N1 和 N2 或 C1 和 C2 中间有一个金属结合间隙，每个叶瓣可以通过它的两个酪氨酸，一个天冬氨酸和一个组氨酸，可逆地结合一个铁离子（Fe^{3+}）；裂缝还可以容纳其他金属离子，包括亚铁（Fe^{2+}）、铜（Cu^{2+}）、锌（Zn^{2+}）、锰（Mn^{2+}）、铝（Al^{3+}）或铈（Ce^{4+}）离子，这意味着 LF 也可能在这些微量元素的动态平衡中发挥作用（Baker 等，1990，2009）。LF 是一种具有二硫键的单多肽链球状糖蛋白，根据铁饱和度的不同，LF 可分为缺铁型 LF（apo-lactoferrin，apo-LF）、天然 LF（native-lactoferrin，native-LF）和全铁型 LF（holo-lactoferrin，holo-LF）。holo-LF 的结构特征是每个叶的两个结构域包围着结合的 Fe^{3+} 离子，从而有效地隔离了外部环境（Baker 等，2005）。还有研究表明，apo-LF 结构远不如整体形式紧密，并且伴随着金属结合和释放的巨大构象变化（Grossmann 等，1992）。据报道，LF 在 pH 值为 5.0～6.5 时开始释放铁；在 pH 值为 2.0 时，>90% 的铁被释放（Lonnerdal 等，1995；Rastogi 等，2016）。也有研究表明，牛 LF 的等电点约为 8.0，母乳 LF 的等电点约为 6.0，当环境 pH 值为 6.5 时，铁在牛 LF 中的保留率高达 85%，而当环境 pH 值为 2.0 时，铁在牛 LF 中的保留率仅为10%（Cao等，2022）。Shimazaki等（1994）从马乳中纯化出了LF，并将其与人LF（human lactoferrin，hLF）和牛LF的铁结合能力进行了比较。结果发现，马LF的铁结合能力与hLF相似，但是高于牛LF。不同的LF对蛋白酶的影响不同，apo-LF更容易受到蛋白酶的作用；holo-LF和native-LF含有铁离子，更稳定，对酶的抵抗力更强（Abd El-hack等，2023；Li等，2019a）。但也有研究发现所有水解产物的铁饱和度与骆驼LF的铁饱和度没有显著差异。因此，经蛋白水解酶水解后，骆驼LF可以生成具有一定程度铁结合能力的肽（Oussaief等，2022）。

表1.2 LF的二级结构特征

二级结构	占比（%）	
	牛乳铁蛋白	人乳铁蛋白
α-螺旋	30.6	29.4
3-10螺旋	2.6	4.6
链	17.4	18.1
其他	49.3	47.9

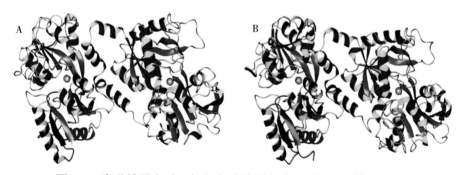

图1.1 牛乳铁蛋白（A）和人乳铁蛋白（B）（Vogel等，2012）

研究者对人、牛、马、水牛和骆驼的LF进行晶体学分析表明，LF作为乳中一种重要的蛋白质，其三维结构高度保守，但不同物种之间在细节上存在差异（Baker等，2005）。人类和黑猩猩的LF氨基酸序列相似度约为97%（Yount等，2007）。还有研究利用不同的计算机方法研究了LF在多种哺乳动物中的特性，结果发现LF结构中的铁结合位点、DNA和RNA结合位点、信号肽和转铁蛋白基因序列高度保守（Sohrabi等，

2014）。8个物种（人、牛、水牛、骆驼、山羊、马、小鼠、猪）的LF氨基酸序列现已加入序列数据库，序列一致性均达到约70%（人/小鼠70%，人/牛69%，小鼠/牛63%），这也进一步证实它们的三维结构高度保守性相一致（Baker等，2004）。但是通过对骆驼apo-LF晶体结构的研究发现，骆驼LF的C-叶和N-叶都采用开放结构，但铁结合间隙中的氨基酸残基构象与其他物种完全不同。骆驼apo-LF的N-叶铁结合间隙与人apo-LF的N-叶铁结合间隙的残基结构相似，而骆驼apo-LF的C-叶铁结合间隙的残基结构与鸭和鸡的apo-卵转铁蛋白相似。基于此，作者认为骆驼LF的N-叶功能应该与hLF相似，而骆驼LF的C-叶功能应该与鸭和鸡的卵转铁蛋白功能相似。因此骆驼LF具有双重功能特性，使其一半充当LF，一半充当转铁蛋白（Khan等，2001；El-fakharany等，2020）。牛乳蛋白在热加工过程中可能发生不同的化学或物理变化，包括乳清蛋白变性、糖基化的形成，这些变化在很大程度上影响蛋白的生物活性功能。不同物种乳中蛋白质的热稳定性主要是由于氨基酸序列（以及S-S桥或硫基的数量）和储存环境（例如pH值、脂肪含量）而存在差异（Claeys等，2014）。LF的热稳定性取决于pH值和铁的存在。低铁含量（<10%）的apo-LF的热变性温度为70℃，高铁含量（>20%）的holo-LF的热变性温度为90℃。有研究发现，马乳中的乳清蛋白比牛乳中的乳清蛋白更耐热，这使得马乳对热处理加工不敏感，LF在达到130℃的时候才完全变性（Bonomi等，1994；Uniacke-Lowe等，2010）。在热加工过程中，牛奶蛋白或多肽的赖氨酸残基与还原糖之间可能发生化学反应，这被称为美拉德反应或非酶褐变反应（Lin等，2021）。所有蛋白质在成熟过程中都要经过翻译后修饰（PTM），LF也不例外。糖基化是最常见的PTMs之一，所有物种的LF都有糖基化，但潜在糖基化位点的位置和数量以及实际糖基化位点的数量各不相同。hLF有3个潜在的糖基，分别是Asn137、Asn478和Asn623，而牛LF有5个（Asn233、Asn281、Asn368、Asn476和Asn545），但是在hLF中通常只有2个位点（Asn137和Asn478）被糖基化，而在牛LF中则有4个位点（Asn233、Asn368、Asn476和Asn545）被糖基化，其中Asn281仅在30%的情况下被糖基化（Gruden等，2021；Valk-weeber等，2020）。马LF的糖基化尚未被研究，但使用共识序列 Asn-Xaa-Ser/Thr（其中 Xaa 不是 Pro）进行糖基化，马 LF 可能有 3 个潜在的糖基化位点，即 Asn137、Asn281 和 Asn476（Uniacke-Lowe 等，2010）。大多数糖基化位点高度暴露在蛋白质表面，但有两个位点并非如此，这可能会影响蛋白质的功能（Baker 等，2005）。Asn545 在奶牛、水牛、绵羊和山羊的 LF 中位于 C- 叶两个结构域之间的表面裂缝中，相反，骆驼 LF 中的 Asn518 位于 C- 叶的铁结合间隙，该位点的糖基化必须抑制结构域的关闭，这可能是骆驼 LF 的 C- 叶铁结合减弱和易于释放的主要因素（Khan 等，2001；Baker 等，2005）。LF 被唾液化的双链聚糖修饰，具有高水平的聚焦化。这些位点被利用会产生大量不同糖基化的 LF 同工异构体（Albar 等，2014）。糖基化通过增加分泌蛋白的溶解度和增加 LF 与某些细胞类型或特定受体的结合，在调节 LF 的稳定性和抵抗蛋白水解方面发挥重要作用。然而，它对 LF 的热稳定性或铁的结合和释放等性能影响不大（Albar 等，2014）。LF 作为一种可靠的多功能蛋白，具有多种生物活性功能，这也催生了 LF 的一系列营养和保健食品的上市。LF 的功能性质与结构构象密不可分，因此，在加工过程中必须考虑到 LF 天然结构的变性问题。

2 乳铁蛋白的检测方法

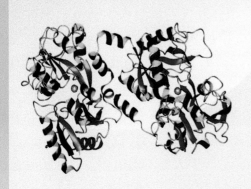

LF 作为生鲜牛乳中的天然成分，具有广谱的抗菌、消炎、抑制肿瘤细胞生长及调节免疫系统等作用。"国家优质乳工程"提出钙和蛋白质只是乳制品的基础指标，天然活性营养才是乳制品真正的核心价值，而 LF 是优质巴氏杀菌乳天然活性营养之一。目前，尚未出台检测乳制品中 LF 的国家标准，本章结合行业标准、团体标准等进行 LF 检测方法的总结，其常用检测方法有免疫学分析法，包括免疫扩散法、酶联免疫法、免疫层析快速检测法；色谱法，包括高效液相色谱法、高效液相色谱串联质谱法、毛细管电泳法、凝胶电泳检测法。

2.1　免疫学分析法

2.1.1　免疫扩散法

免疫扩散法是将混有 LF 抗体的琼脂糖，凝冻后打一些小孔，以小孔为中心的抗原—抗体反应沉淀带环状区域被染色，通过观察沉淀带环的直径与 LF 抗原浓度的关系即可定量测定待测样品中 LF 的含量。龚广予等（2000）建立随机免疫扩散法检测 LF，通过 LF 与抗血清的免疫反应，经过了染色、脱色和清洗，最终测量到反应沉淀带的直径与抗体浓度成正比，证明免疫扩散法可用于检测乳制品中 LF 的含量。该方法成本相对低廉，但操作步骤相对复杂，检测耗时相对较长，并且检测结果需通过人为精确测量环的直径才能得到，容易产生人为不确定性，故在实际检测中的应用并不广泛（徐大江等，2023）。

2.1.2　酶联免疫吸附法

酶联免疫吸附法（enzyme-linked immunosorbent assay，ELISA）是一种基于酶催化反应的非均相免疫分析方法，由放射免疫测定法（radio-immunity assay，RIA）衍生而来（Tabatabaei 等，2021）。传统的 ELISA 是以抗体作为识别元件，利用抗原—抗体特异性结合与酶催化无色底物产生颜色反应实现待测物的定量分析（Gan 等，2013）。由于 ELISA 法具有生物安全性、高通量能力以及准确性高等优点，被食品工业、医学诊断、制药工业等领域广泛应用（Peng 等，2022）。Liu 等（2014）选择识别空间上距离较远的 LF 表位的两种抗体，建立了高特异性和重现性的夹心酶联免疫法检测婴儿乳粉中的 LF 含量，检测范围在 5～600 ng/mL，检测限为 3.23 ng/mL。Alhalwani 等（2018）利用多克隆抗 LF 捕获抗体结合 LF 后与单克隆抗硝基酪氨酸检测抗体配对，开发了一种夹心酶联免疫吸附测定法检测和量化人体组织中的硝化 LF，该方法的检测下限为 0.065 μg/mL，能够用于人体组织、环境、牛奶等样品的检测。Wang 等（2021）通过杂交瘤技术筛选出了具有高特异性和亲和力的 IgG 单克隆抗体，并将其用于开发间接竞争酶联免疫吸附法（icELISA），用于牛奶中 LF 的定量分析。icELISA 法的检测范围为 9.76～625 ng/mL，检测限为 0.01 ng/mL，具有可重复性和准确性，可直接用于快速检测牛奶样品中的 LF 含量。Ostertag 等（2022）开发了一种竞争性酶联免疫吸附试验，用于不同基质中的微量 LF 浓度测定，实际样品的定量限为 125 ng/mL。与商业 ELISA 试剂盒相比，可节省 60%～80% 的成本，检测结果可与其他基于单克隆抗体的免疫分析相媲美。ELISA 技术具有高特异性、高灵敏度和高通量等优势，但传统的 ELISA 技术还存在操作步骤烦琐耗时、需要专业人员操作、缺乏多重检测能力以及非特异性结合导致假阳性结果等问题。

酶联免疫法是目前应用最广泛的免疫检测方法。它是使用与酶连接的抗原或抗体与 LF 抗体或抗原产生反应，再根据反应颜色的程度进行该抗原定性和定量的方法。由于酶的催化效率很高，故可极大地放大反应的结果，从而使该方法有很高的灵敏度。丰东升等（2022）以 LF 为抗原免疫小鼠，获得 13 株单克隆抗体作为一抗，用辣根过氧化物酶标记的多克隆抗体为二抗，建立了 LF 的双抗体夹心 ELISA 检测方法，最低检测限为 0.05 ng/mL，检测范围为 0.05～3.20 ng/mL。张英华等（1999）应用酶联免疫法测定牛初乳中 LF 的含量，最低检出量为 0.5 ng/mL，线性范围为 0.8～100.0 ng/mL，标准曲线相关性为 0.996。郑云鹏等（2019）采用市售 LF 酶联免疫试剂盒，检测了乳粉中 LF 含量，加标回收率为 87.21%～115.6%，准确性高，优化后的样品前处理方案使得检测结果稳定性也更高。酶联免疫法虽然灵敏度高，但因其特异性对试剂的选择性高，不能同时分析多种成分，仅能对单一蛋白质进行分析，不适合用于大批量的样品分析。

2.1.3 免疫层析快速检测法

免疫层析快速检测法是将免疫标记技术与层析技术相结合的一种检测技术。利用标记物的显色特性和层析的分离技术检测待测物。刘楚新（2011）以转 hLF 牛奶为检测对象，研发出 2 种胶体金免疫层析试纸条，实现了 LF 的快速检测，结果与常规检测方法一致，可作为牛奶中 LF 检测的有效方法。该方法可对大量样本中的目标物质进行快速筛查，而且不需要对样品进行前处理，与其他化学检测方法相比，具有简便、快速、特异性强的优点。但该方法会出现假阴性和假阳性结果的风险，不适用于复杂乳制品及相关食品的检测，也不适用于执法机构进行判别确证。

2.2 色谱分析法

2.2.1 高效液相色谱法

高效液相色谱法（high performance liquid chromatography，HPLC）是一种分离、鉴定和量化混合物中成分的分析技术，该技术涉及两相即固定相和流动相，泵加压溶剂(流动相)通过填充有吸附材料的色谱柱(固定相)洗脱样品，借助分析物与固定相的相对亲和力的差异将分析物分离成不同的成分（李梦瑶等，2022）。传统的 HPLC 分离方法（Siddhant 等，2018）因具有分辨率高、稳定性好、选择性好、灵敏度可调、使用方便等优点，成为一种突出的色谱方法（Schieppati 等，2021）。Chen 等（2019）使用 HiTrap™ Heparin HP 色谱柱开发了一种牛奶中天然 LF 的 HPLC 测定方法，检测范围为 2～100 mg/L，检测限和定量限分别为 0.57 mg/L 和 1.90 mg/L。Tsakali 等（2019）建立了一种反相高效液相色谱法(reverse-phase liquid chromatography，RP-HPLC)对不同物种奶样中的 LF 进行定量检测，包括绵羊、山羊、牛、驴和人乳，经验证这是一种可用于定性筛查是否存在 LF 的快速方法。Ostertag 等（2021）也开发了一种 RP-HPLC 方法，该方法通过一次运行对 α-乳白蛋白、牛血清白蛋白和 LF

等进行定量，无须费力的样品制备。Pang 等（2020）建立了一种免疫亲和磁纯化结合 HPLC- 荧光检测 (high-performance liquid chromatography-fluorescence，HPLC-FL) 测定乳制品中的 LF，首先用抗体包被的磁珠从复杂样品中捕获 LF，然后通过洗脱液分离捕获的 LF，收集洗脱液通过 HPLC-FL 直接测定 LF 固有荧光，检测范围为 0.8 ～ 30 μg/mL。但开发 HPLC 分析方法是一个漫长而费力的过程，需要标准品、校准曲线、衍生化和多项测试来确定合适的色谱柱、固定相、流速、温度和流动相。

  高效液相色谱法是利用不同物质在固定相和流动相之间极性大小不同从而进行分离，并被特定检测器检测的一种检测技术。廖菁菁等（2022）建立了高效液相色谱法测定婴幼儿配方乳粉中 LF 的检测方法，即用 0.08 mol/L 磷酸氢二钠缓冲液在 pH 值为 8.0 时提取样品，经肝素亲和柱净化处理，用 C4 反相色谱柱分离，DAD 检测器于 280 nm 处检测，方法检出限为 5 mg/100g，回收率为 81.0% ～ 92.0%。梁政洋等（2019）根据水牛的乳蛋白多态性规律建立指纹图谱，快速区分水牛乳和荷斯坦牛乳，选择 C8 色谱柱，检测波长设定为 215 nm，柱温 45 ℃，用 0.1% 三氟乙酸水溶液和 0.1% 三氟乙酸乙腈进行梯度洗脱，分离出的 κ-CN/A、$α_{s2}$-CN、κ-CN/B、$α_{s1}$-CN、β-CN、β-LgB、α-La 峰面积相对标准偏差（RSD）＜ 5%，对乳蛋白进行分离后建立指纹图谱，当荷斯坦牛乳掺入 2% 时可被检测到。该方法因具有反应灵敏、结果准确、重复性好等优点，可作为团体标准乳制品中 LF 测定的标准检测方法，但因乳制品的基质成分相对复杂，需要肝素亲和柱进行净化处理，对样品纯度要求较高，且设备昂贵。

2.2.2 高效液相色谱串联质谱法

  高效液相色谱串联质谱法是通过肝素亲和色谱法纯化 LF，然后用于筛选胰蛋白酶标记肽，选择特征肽，并通过高效液相色谱串联质谱法从纯化的水解产物中进行鉴定，进而实现 LF 定量检测。张敏等（2020）建立了高效液相色谱串联质谱法测定牛乳和婴幼儿配方乳粉中 LF 含量的方法。具体步骤是将样品加水溶解，经过二硫苏糖醇和碘代乙酰胺溶液反应，加入胰蛋白酶进行酶解，用乙腈水溶液定容上机。标准曲线线

性 $R^2 > 0.995$，平均加标回收率为 93.5% ~ 117.1%，相对标准偏差为 1.4% ~ 6.7%。该方法可用于牛乳中 LF 的测定，但前处理过程需将 LF 酶解，而活性与非活性 LF 均可参与此过程，致使最终的检测结果为样本中 LF 的总量，并不能区分样本中活性 LF 与非活性 LF。

2.2.3 离子交换色谱法

离子交换色谱法（ion exchange chromatography，IEC）是利用离子交换原理和液相色谱技术的结合来测定溶液中阳离子和阴离子的一种分离分析方法。赵凌国等（2014）建立了阳离子交换色谱检测牛奶中 LF 含量的新方法，得出 LF 在 1.0 ~ 15.0 mg/mL 浓度范围内的线性关系良好，相关系数大于 0.99，以 3 倍信噪比对应的分析浓度作为检测限，10 倍信噪比对应的分析浓度作为定量下限，测得 LF 的检出限及定量下限分别为 0.21 mg/mL 和 0.7 mg/mL。

2.2.4 超高效液相色谱法

肝素是属于糖胺聚糖家族的硫酸化多糖，具有已知生物大分子最高的负电荷密度，对 LF 具有很高的结合亲和力，同时对 α-乳白蛋白、β-乳球蛋白、免疫球蛋白和血清白蛋白具有很低的亲和力。因此试样中的 LF 经磷酸盐缓冲液提取后，通过肝素亲和柱富集净化，样液中的 LF 经液相色谱仪分析、反相蛋白质分离柱分离、紫外光检测、外标法定量。试样提取方法如下：①生乳、巴氏杀菌乳、超高温灭菌乳：称取试样 10 g（精确到 0.01 g）于 50 mL 离心管中，用磷酸盐缓冲液定容至 50 mL，涡旋混匀。于 12 000 r/min，4 ℃ 离心 15 min，吸取 30 ~ 40 mL 中间层试液经玻璃纤维滤纸过滤至另一 50 mL 离心管中，滤液待净化。②乳粉：称取试样 5 g（精确到 0.01 g）于 50 mL 离心管中，用磷酸盐缓冲液定容至 50 mL，涡旋混匀。于 12 000 r/min，4 ℃ 离心 15 min，吸取 30 ~ 40 mL 中间层试液经玻璃纤维滤纸过滤至另一 50mL 离心管中，滤液待净化。肝素净化柱使用方法：肝素亲和柱用 10 mL 磷酸盐缓冲液活化，准确移取 10 mL 上清液过柱，用 10 mL 磷酸盐缓冲液淋洗，用 4.5 mL 磷酸盐缓冲液洗脱，收集洗脱液，用磷酸盐缓冲液定容至 5.0 mL，涡旋混匀，过

0.22 μm 水系微孔滤膜后待测。

2.3 电泳法

2.3.1 十二烷基硫酸钠—聚丙烯酰胺凝胶法

SDS-PAGE 常用于纯化和分析蛋白质，它是根据蛋白质的分子量和电荷对蛋白质进行分离。李珊珊等（2008）建立了一种可用于定量测定乳及乳制品中 LF 的 SDS-PAGE 分析法。乳粉、奶酪和液态乳的检出限分别为 0.29 mg/mL，0.29 mg/mL 和 0.029 mg/mL，定量限分别为 0.97 mg/mL，0.97 mg/mL 和 0.097 mg/mL。利用 SDS-PAGE 法检测牛奶中活性蛋白具有操作简单、费用低等特点，但一般用时较长。

2.3.2 毛细管电泳法

毛细管电泳 (capillary electrophoresis，CE) 作为一种成熟的高压电驱动分离技术。其以毛细管为电压分离场，使得带电基团 (分析物) 在不同的电压场中获得不同的迁移速度，进而得到良好的目标物分离效果（Kawai 等，2021）。CE 因具有小型化、设置简单、分离速度快、分辨率高、溶剂消耗少等优势已成为一种高效、环保的分离技术，广泛用于生物医学、环境监测、食品分析等（Wang 等，2022）。Li 等（2012）建立了一种简单的紫外-毛细管电泳法用于婴幼儿配方乳粉中 LF 的定量检测，该法检测范围在 10～400 mg/L，检测限和定量限分别为 3 mg/L 和 10 mg/L。Mao 等（2017）用聚（2-甲基-2-恶唑啉）涂层毛细管，通过紫外-毛细管电泳法测定婴幼儿配方乳粉中的 LF，检测范围为 10～500 μg/mL，检测限和定量限分别为 5.0 μg/mL 和 16.7 μg/mL，已成功地应用于商业婴儿配方乳粉中 LF 的定量分析。Zhu 等（2019）使用毛细管电泳筛选出一条亲和力和特异性高的 LF 适配体，并使用该适配体建立了 CE 适体传感器完成了乳粉中 LF 含量的测定，检测范围为 4～128 nmol/L，检测限为 1 nmol/L。孙娜娜等（2021）利用全自动毛细管凝胶电泳分析适配体与 LF 特异性结合后游离适配体的峰面积，实现了乳及乳制品中 LF 的定性定量检测。然而，CE 分析易受复杂样品基质干扰，灵敏度和重复性低等问题限制了 CE 在一些研究中的应用。

毛细管电泳法是以毛细管为分离通道、以高压电场为驱动力，根据待测物质分离柱效不同而实现分离的一种液相分离技术。该方法的柱效随分子量的增大而上升，而 LF 是生物大分子，可用该方法进行快速准确检测。刘宇等（2016）建立了动态涂层毛细管电泳检测 LF 的方法，可检测出 LFA、LFB、LFC、LFD 4 种不同 LF 原料的纯度，相对标准偏差分别为 1.0%，0.8%，1.2%，0.9%。顾媛等（2011）建立了婴幼儿配方乳粉中 LF 的检测方法，样品经脱脂、去沉淀富集、过滤净化，结果为：标准曲线线性 R^2=0.9992，平均回收率为 92.8%。虽然毛细管电泳对生物大分子物质具有较好的分离检测效果，但是毛细管壁易吸附 LF，导致检测重复性差，不能满足基体复杂样品中 LF 的测定。

2.3.3 凝胶电泳检测法

凝胶电泳检测法是选择一种能够与 LF 结合的 DNA 作为探针分子，根据 DNA、LF 结合物与未结合 LF 的 DNA 在琼脂糖凝胶电泳中的迁移率不同，结合条带是否减少及减少程度，从而实现对 LF 含量的检测。孙娜娜等（2021）建立了一种毛细管凝胶电泳检测 LF 的方法，利用 LF 和 DNA 序列的特异性结合，根据游离 DNA 峰面积减少程度实现 LF 的定性定量分析。此方法无需借助色谱、光谱等大型仪器，无须样品预处理，通过琼脂糖凝胶电泳进行检测，具有快速、低成本、通量高的特点，但操作相对烦琐，不适合大批量样品的测定。

2.3.4 高效毛细管电泳法

高效毛细管电泳法（high performance capillary electrophoresis，HPCE）是以高压电场为驱动力，以毛细管为分离通道，根据不同组分在溶液中电泳迁移速度不同，利用电解槽和与之连接的毛细管，分离和检测样品组分的化学分析技术。毛细管电泳（CE）法在大分子分离分析领域有较大优势，目前最主要的缺点在于样品吸附使得分离性能和灵敏度下降。Nowak 等（2013）研究发现，CE 法可定量研究 LF 的铁离子饱和程度。许宁等

（2005）采用CZE模式分离测定牛奶中LF的含量，得出检测线性范围为0.1～0.6 mg/mL，检出限为0.025 mg/mL。

2.3.5　全自动高通量毛细管凝胶电泳检测法

全自动高通量毛细管凝胶电泳（fully automated high-throughput capillary gel electrophoresis detection method）通过在电场作用下各DNA片段长度差异导致电泳迁移率不同，实现样品中的DNA片段分离，根据各DNA片段出峰时间以及分离后峰面积差异实现DNA片段的定性、定量。适配体是可以高亲和力和特异性识别目标物质的一段DNA或者RNA序列，目标物质包括蛋白质、金属离子、小分子等。赵丽萍等（2020）通过筛选的LFLac-A4序列适配体和LF的特异性结合，经全自动毛细管凝胶电泳分析后游离适配体的峰面积减少实现了乳蛋白的定性定量检测。

路梦凡等（2023）利用DNA序列和LF的特异性结合，基于游离DNA序列的峰面积大小和LF的浓度呈现的良好线性关系建立了一种操作简单、快速、准确的乳及其制品中LF的全自动毛细管凝胶电泳定性定量检测方法。采用预制胶卡夹避免毛细管区带电泳需要涂层抑制非特异性吸附的困境，也无须传统的聚丙烯酰胺凝胶电泳烦琐的制胶、点样、灰度读取等过程。

2.4　其他方法

2.4.1　分光光度法

分光光度法是以物质在特定波长下的吸光度与其浓度有一定关系为分析原理的方法。卢蓉蓉等（2002）采用浓度为90%的LF溶液在400～700 nm下扫描，发现在475 nm波长能产生特征吸收峰。但制备LF粗制品的过程中LF含量始终较低，分光光度法测定时，A_{475}低于0.01，说明用该方法检测粗制品中LF含量的准确度不高。分光光度法的优点在于操作简单快捷，成本较低，但其准确度不高，易受其他成分的干扰（包晓宇等，2017）。

2.4.2 表面等离子共振

表面等离子共振（surface plasmon resonance，SPR）技术的原理为当单色偏振光以一定角度入射到镀有薄层金膜的玻璃表面发生反射时，若入射光的波向量与薄层金膜内表面电子的振荡频率一致时，即可使电子产生共振。在过去的几十年中，SPR 生物传感器已成为一种强大的检测和分析工具，在环境保护、生物技术、医学诊断、药物筛选、食品安全和安保等领域具有广泛的应用（李文杰等，2020），具有无标记检测、实时监测、小样本量、以低成本提供准确的结果以及平稳处理等显著特点（Zhou 等，2019）。Hori 等（2012）用此方法检测市售牛乳、婴幼儿配方乳粉和牛初乳中的 LF 含量，得出在 $0 \sim 1 \times 10^{-3}$ mg/mL 范围内具有较好的线性关系，最低检测限为 0.0199 mg/mL。SPR 技术灵敏度高，但仪器价格昂贵，稳定性较差，目前在牛乳活性蛋白检测方面的应用较少。Billakanti 等（2015）开发了一种能够同时定量测定不同样品中 5 种蛋白质的 SPR 方法，并与 RP-HPLC 和标准 ELISA 法进行了比较。Tomassetti 等（2013）构建了一种基于 SPR 的新型免疫传感器，分别在间歇处理和连续处理模式下测定牛乳、山羊乳和乳粉中的 LF。Culver 等（2018）使用离子型聚(N-异丙基丙烯酰胺–共–甲基丙烯酸)涂层的二氧化硅金纳米壳(AuNS@PNM)开发了一种基于局部表面等离子共振(LSPR)的生物传感器用于人眼泪中的溶菌酶和 LF 的测定。

2.4.3 生物传感器法

生物传感器是可以测量和量化专门针对传染病的生物标志物的设备。它们是通过构成元素的组合来实现的。首先，通过配体实现选择性识别。大量使用各种识别配体，例如核酸、抗体、酶。其次，灵敏的传感器将目标分析物和生物受体之间发生的生化信号转换为可测量的电信号，用于分析物的识别和量化。生物传感器是利用生物活性分子识别的功能，将感受到的待测目的成分转换为可输出信号的检测方法。Indyk 等（2006）建立了用 Biacore Core 光学传感器分析牛初乳、常乳和婴幼儿配方乳粉中的 LF 的方法，得出最佳工作校准范围为 $0 \sim 1\ 000$ ng/mL，检出限为

19.9 μg/mL。Campanella 等（2008）用免疫传感器法检测市售乳粉中 LF 含量，发现在 5.6～800 μg/mL 的范围内具有较好线性关系，检测限为 2.8 μg/mL，标准品的回收率达到 99.0%～100.3%。

2.4.4　电化学技术

利用电化学技术可以验证 LF 的杀菌机理，并构建 LF 的电化学检测技术。曹杰（2014）通过循环伏安法和交流阻抗法对电极的每一步进行表征，结果表明所构建的电化学技术检测范围为 10 pg/mL～1 μg/mL，电极还原峰电流与 LF 的浓度之间呈现良好的线性关系，相关系数为 0.9946，检测限可达到 3.3 pg/mL。所构建的电化学传感器在 4℃以下可以稳定保存 4 周，且对 LF 的检测表现高度特异性和灵敏度。

2.4.5　荧光生物传感法

荧光是一种光物理现象，源于激发电子从激发态跃迁到基态的光子能量的快速释放。当荧光分子用受体或反应单元修饰时，可以通过荧光强度的变化(荧光猝灭或增强)或荧光波长的变化(比率)来响应特定的目标分析物，从而实现基于荧光的"传感"分析（Sam 等，2021）。基于荧光的传感技术已在许多研究和工业领域得到广泛应用，尤其是生物或环境中的阴阳离子、中性小分子以及生物大分子等(Wu 等，2017)。在各种传感方法中，基于荧光的方法可以说是最具吸引力的方法之一，因为它们拥有成本低、响应速度快、灵敏度高和模块化程度高等优势（Han 等，2020），目前已经探索和开发出了各种类型的荧光传感器（Hong 等，2021）。例如，Chen 等（2017）报告了一种用于乳粉中 LF 检测的银增强荧光偏振的分裂适体传感器，分裂适体两端分别修饰信号分子异硫氰酸荧光素(FITC)和增强剂银十面体纳米粒子(Ag10NPs)，分裂适体可以与分析物结合并组装成分裂的适体—靶复合物，减小 Ag10NPs 和 FITC 染料之间的距离，从而产生金属增强荧光(metal-enhanced fluorescence，MEF)效应。经验证，该策略的灵敏度比传统的均相适体传感器高约 3 个数量级，检测限为 1.25 pmol/L。Wang 等（2021）利用水热法合成的富羧基碳点(carboxylic carbon cots，COOH-CDs)构建了一种检测 LF 的荧光传感器，COOH-CDs

的光致发光强度随 LF 浓度增加而降低，检测限为 0.776 μg/mL（刘佳惠等，2023）。

2.4.6 电化学生物传感法

电化学生物传感器是一种将生物信息转换成电流或电压的生物传感器，由识别元件和电化学换能器和信号处理设备构成。这种传感器存在多种具有不同信号机制的电化学生物传感器方案，例如循环伏安法、差分脉冲伏安法、溶出伏安法、交流伏安法、极谱法、方波伏安法和线性扫描伏安法（刘学谦等，2021）。由于以具有成本效益的方式提供快速、准确和灵敏的响应，电化学生物传感器受到了极大的关注，除了用于医疗和护理外（Rafique 等，2019），它们还用于监测预后、疾病治疗、食品和环境样品的质量控制、药物发现、法医学和生物医学研究（Singh 等，2021）。Huang 等（2018）将 LF 单克隆抗体固定在金电极上组装了一种基于循环伏安法的 LF 电化学免疫传感器，能够检测 0.01～1 000 ng/mL 浓度范围内的 LF，检测限为 4.9 pg/mL，已成功用于真实牛奶样品的检测。Lu 等（2017）提出了一种基于染料 BODIPY 衍生物的比率型电致发光共振能量转移（ECL-RET）平台，通过 ECL 信号和 RET 信号的比值变化实现了 LF 的快速检测，检测限低至 42 fg/mL。Naseri 等（2021）开发了一种基于差分脉冲伏安法的电化学多价适体传感器用于 LF 的无标记检测，具有较宽的动态检测范围和高灵敏度。然而，尽管电化学生物传感器具有优势，但分析物检测仍有一些问题需要考虑，例如，由于需要将样品传输到电极表面，分析物损失仍然是一个问题；制造的生物传感器的一致性受到电极表面条件和生物样品中化合物的非特异性吸收的极大影响，并且它是非常难以复制和再生的电极；同时多重检测也是电化学生物传感器要考虑的问题。

3 乳铁蛋白的生物功能

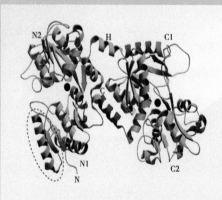

3.1 乳铁蛋白对肠道健康的作用

3.1.1 乳铁蛋白对肠道物理屏障的作用

肠道物理屏障由肠道上皮细胞（intestinal epithelial cells，IECs）以及上皮细胞之间形成的紧密连接（tight junction，TJ）蛋白组成，控制分子通过跨细胞和细胞旁途径的运输。肠道物理屏障是肠道抵御外来污染的第一道屏障（Dokladny 等，2016），研究表明，LF 能够对物理屏障产生保护作用，主要通过①促进 IECs 增殖；②提高 TJ 蛋白的表达水平，修复 TJ；③改善肠道组织形态，如提高杯状细胞的数量、提高绒毛高度以及隐窝深度的比值等途径（图3.1）。

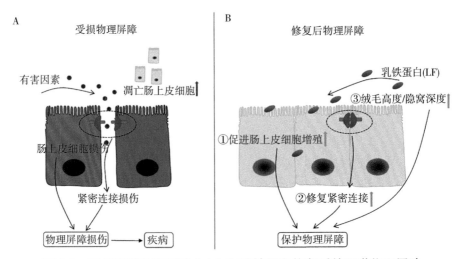

图 3.1 受损肠道物理屏障（A）和乳铁蛋白修复后的肠道物理屏障（B）（吴洪亚，2023）

3.1.1.1 乳铁蛋白促进肠上皮细胞增殖

研究发现，LF 能促进体外 Caco-2 细胞增殖，主要通过减少细胞凋亡来发挥作用（Blais 等，2014b）。同时，LF 可通过抑制过度自噬减少黄曲霉毒素诱导的 IECs 凋亡，具体表现在 caspase3、caspase9 等凋亡蛋白的表达量降低（Wu 等，2021）。此外，LF 可以通过减少丝裂原活化蛋白激酶途径介导的氧化应激来减轻 IECs 的细胞毒性和 DNA 损伤（Zheng 等，

2018a）。Nguyen 等（2016）发现，低剂量（0.1～1 g/L）的 LF 比高剂量（10 g/L）的 LF 更能发挥有益作用，主要表现在上调参与糖酵解、能量代谢和蛋白质合成的丙酮酸激酶、丙酮酸羧化酶和丙酮酸脱氢酶的表达，促进能量产生并有助于 IECs 增殖（Nguyen 等，2016）。LF 具有高度的铁结合能力，可以与人 IECs 结合并内化（Lonnerdal 等，2011），继而可以激活细胞增殖的主要途径，即 ERK1/2 信号通路与 PI3K/Akt 信号通路（Jiang 等，2012a）。

3.1.1.2 乳铁蛋白提高紧密连接蛋白的表达

研究表明，补充 LF 可通过上调 TJ 蛋白 occludin 和 claudin-4 的表达、降低肠道通透性，从而保持肠道完整性。此外，猪 LF 衍生肽 LFP-20 降低 MyD88 和 AKT 水平，抑制 NF-κB 信号通路，调节脂多糖（lipopolysaccharide, LPS）刺激过程中 TJ 蛋白闭合小环蛋白 1（zonula occludens 1，ZO-1）、occludin 和 claudin-1 的表达，可以用作保护肠道屏障功能的预防剂（Zong 等，2016）。在大鼠小肠隐窝上皮细胞 IEC-6 中，艰难梭菌毒素 B 导致 TJ 蛋白线性结构断裂明显，荧光显微镜下可见断续的线状片段，少见完整的网状结构，LF 使 TJ 蛋白结构恢复完整，显微镜下呈连续的线状带分布（Otake 等，2018）。跨上皮电阻值（trans-epithelial electrical resistance，TEER）和细胞旁通透性通常被用来量化描述 TJ 的变化（Buchert 等，2012）。Hirotani 等（2008）研究发现，400 μg/mL 和 1000 μg/mL 的 LF 显著抑制 LPS 诱导的 Caco-2 细胞层 TEER 降低与细胞单层通透性的增强，与泌乳中期牛 LF 相比，泌乳早期牛 LF 可增加 Caco-2 细胞层的 TEER，这也与促炎细胞因子白细胞介素（interleukin，IL）-8 的减少相关（Anderson 等，2017）。Gao 等（2021）研究发现，经 100 μg/mL 的 LF 预处理后，可显著抑制黄曲霉毒素 M_1 诱导的细胞旁通透性的增加，改善肠屏障功能。

3.1.1.3 乳铁蛋白改善肠道组织形态

肠绒毛高度、隐窝深度以及两者的比值是衡量机体消化吸收功能的重要指标。其中绒毛高度与细胞数量呈显著相关性，绒毛升高时，肠上皮成熟细胞数量增加，与营养物质的接触和吸收面积增大，对养分的吸收能力增强。而隐窝深度的增加会减弱营养物质的吸收能力（Sumigray 等，

2018）。相关研究表明，补充 LF 增加了小鼠空肠绒毛高度以及几种肠刷状缘膜酶活性的表达（Blais 等，2014）。出生后 14 天饲喂含有 LF 配方奶的仔猪，其空肠隐窝细胞显著增殖（Reznikov 等，2014）。此外，绒毛高度和隐窝深度的比值（V/C）综合反映了小肠的功能状态，比值下降表明黏膜受损，消化吸收能力下降。在断奶仔猪日粮中添加 250 mg/kg 和 500 mg/kg LF，十二指肠、空肠和回肠的 V/C 值显著增加（李美君等，2012）。

3.1.2　乳铁蛋白对肠道免疫屏障的作用

肠道免疫屏障主要由肠道浆膜层免疫细胞与免疫细胞因子组成，可通过参与自然免疫和适应性免疫来维持局部和系统内稳态。其中，免疫细胞是免疫系统中的"看门人"，对于启动预防感染的保护性反应非常重要，主要包括 T 淋巴细胞、B 淋巴细胞、巨噬细胞、树突状细胞、自然杀伤细胞和浆细胞等（Tomasello 等，2013）。此外，细胞因子在免疫系统中起着决定和调节作用，可以结合相应的受体调节细胞的增殖和分化，促进或抑制炎症反应（Vazquez 等，2015）。LF 发挥肠道免疫屏障的保护作用离不开其对免疫细胞和细胞因子的调节，具体的作用机制如下所述（图 3.2）。

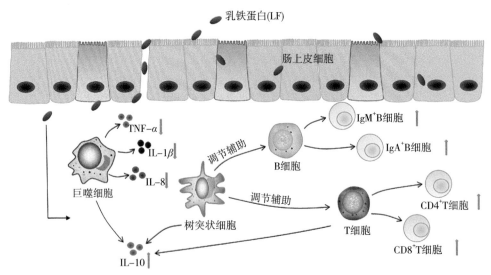

图 3.2　乳铁蛋白发挥肠道免疫屏障保护作用的机制（吴洪亚，2023）

3.1.2.1 乳铁蛋白激活肠道免疫细胞

受 LF 影响的主要免疫细胞群体为 T 细胞、B 细胞和抗原呈递细胞（Antigen-Presenting Cells，APC），LF 与免疫细胞之间的相互作用会对 Th1 和 Th2 反应、细胞因子微环境和体液反应的平衡产生显著影响（Legrand，2016）。研究发现，口服 LF 与不同小鼠小肠固有层中 $CD4^+$ T 细胞、$CD8^+$ T 细胞和 IgM^+ B 细胞、IgA^+ B 细胞增加有关，而结肠中仅有 $CD8^+$ T 细胞显著增加（Wang 等，2000；Ynga-Durand 等，2021），表明小鼠 LF 处理对每个区域的影响不同。Wei 等（2021）研究发现，LF 基因敲除小鼠的 B 细胞呈现早期发育障碍，其早期分化相关转录因子表达异常，同时还发现 LF 缺失会加剧 B 细胞相关疾病的病情，相应的补充 LF 具有减弱病症的效果（Wei 等，2021）。在 LF 的介导作用下，单核细胞在分化为 DC 的过程中触发耐受性程序，产生调节性细胞因子，抑制 T 细胞增殖，从而阻止了炎症反应，发挥强大的抗炎活性（Puddu 等，2011）。

3.1.2.2 乳铁蛋白调节细胞因子的分泌

Hering 等利用两种不同的体外肠道细胞模型证明了在肿瘤坏死因子（tumor necrosis factor，TNF）-α 诱导的屏障功能紊乱期间 LF 的屏障保护作用，包括恢复其 TEER 以及 TJ 蛋白的表达量（Hering 等，2017）。Hu 等（2020）研究发现，在猪体外 IPEC-J2 细胞（小肠上皮细胞）模型中，LPS 处理诱导 IL-1β、IL-8 与 TNF-α 的分泌，降低 IL-10 的表达量，增加细胞通透性，并增强活性氧的产生。LF 处理显著逆转上述趋势，可通过削弱 NF-κB/MAPK 途径维持肠道屏障完整性，缓解 LPS 诱导的炎症反应。在大鼠小肠隐窝上皮细胞 IEC-6 与人 Caco-2 细胞中同样发现了上述现象（Kong 等，2020；Aly 等，2019）。此外有研究表明，不同浓度的 LF 具有不同的炎症反应。低剂量 LF 通过细胞外信号调节激酶促进细胞增殖，限制 IL-8 分泌并阻止 NF-κB 和 HIF1a 活化，发挥抗炎作用，缓解患坏死性小肠结肠炎的猪的患病程度，而高剂量 LF 则呈现相反的作用。推测可能是因为低剂量 LF 更有利于未成熟肠道发挥 LF-LPS 结合作用（LF-LPS 复合物对许多病原体具有杀菌活性），并限制过量未结合的 LF 刺激不必要的免疫反应（Nguyen 等，2014）。

3.1.3 乳铁蛋白对肠道生物屏障的作用

微生物遍布人体，主要分布在外表面和内表面，包括胃肠道、皮肤、唾液、口腔黏膜和结膜（Ogunrinola 等，2020）。最近的一项研究估计，以年龄在 20～30 岁，体重 70 kg，身高 170 cm 的人作为参考，其体内的细菌总数为 3.8×10^{13} 个（Sender 等，2016），另外绝大多数细菌分布在结肠中，估计有 1 014 种（Candela 等，2012）。肠道菌群形成了一种相互依赖并与其他微生物相互作用的微生态系统，其生态平衡形成了生物屏障，而共生微生物群和致病微生物群之间的不平衡容易引起肠道菌群的失调，导致感染以及各种代谢疾病。

3.1.3.1 乳铁蛋白正向调控肠道菌群的分布，保护生物屏障

体内和体外研究揭示 LF 可以正向调控肠道菌群的分布，发挥生物屏障保护作用（表 3.1）。与喂食普通全脂牛奶相比，喂食含重组 hLF 转基因牛奶的仔猪其十二指肠至结肠的微生物多样性呈增加趋势，结肠中沙门氏菌以及整个肠道中大肠杆菌的浓度降低，回肠中的双歧杆菌和整个肠道中的乳酸杆菌的浓度也随着 hLF 的增加而增加（Hu 等，2012）。重组猪 LF 具有与上述同样的效果（汪以真，2004）。此外，无菌小鼠饮食牛奶中添加 2% LF 可以显著抑制依赖碳水化合物的肠杆菌科的增殖（Ogata 等，1998）。体外研究发现，LF，尤其是 apo-LF，对体外食源性病原体的生长具有抑制作用，对鼠李糖乳杆菌 ATCC 7469、罗伊氏乳杆菌 ATCC 23272、发酵乳杆菌 ATCC 11739、棒状乳杆菌 ATCC 25602、嗜酸乳杆菌 BCRC 14065、婴儿双歧杆菌 ATCC 15697、双歧杆菌 ATCC 29521 和乳酸片球菌 ATCC 8081 等 8 种益生菌菌株没有抑制作用，可能是因为益生菌的特殊细胞结构或代谢物质保护细胞免受 LF 的活性影响（Chen 等，2013a；Tian 等，2010）。LF 对大肠杆菌不仅具有重要的抑制和杀菌效果，还表现出强大的抗黏附作用，可以抑制大肠杆菌对肠道上皮细胞和肠黏膜的黏附作用（Atef 等，2010）。此外，即使在 pH 值为 2.5～3.5 的酸性条件下，LF 仍可对大肠杆菌和枯草芽孢杆菌发挥较好的杀灭作用（Elbarbary 等，2019）。综上，LF 或可作为潜在的益生元，正向调控肠道菌群的分布，为预防炎症性肠病和肠易激综合征等消化道疾

病提供新的思路。

表 3.1 乳铁蛋白对肠道生物屏障的影响（吴洪亚，2023）

乳铁蛋白（LF）类型	作用模型	影响	参考文献
重组 hLF	7 日龄新生仔猪	微生物多样性↑ 沙门氏菌、大肠杆菌↓ 双歧杆菌、乳酸杆菌↑	Hu 等，2012
重组猪 LF	28 日龄断奶小母猪	沙门氏菌、大肠杆菌↓ 双歧杆菌、乳酸菌↑	汪以真，2004
LF	无菌小鼠	抑制细菌增殖	Ogata 等，1998
apo-LF LF 水解物	益生菌菌株 食源性病原体	8 种益生菌菌株不受影响 抑制食源性病原体的生长	Chen 等，2013a
LF	益生菌菌株 病原体	所选益生菌不受抑制 显著抑制病原体生长	Tian 等，2010
LF	人结肠癌细胞 Caco-2	大肠杆菌 O157:H7↓	Atef 等，2010
LF（来源于粗奶酪乳清）	细菌菌株	大肠杆菌↓ 枯草芽孢杆菌↓	Elbarbary 等，2019

3.1.4 乳铁蛋白对肠道化学屏障的作用

肠道化学屏障主要指由肠黏膜上皮细胞分泌的抗菌相关蛋白质（如黏蛋白和抗菌肽）的黏液层，该黏液层厚且复杂，可防止肠道微生物与宿主肠上皮细胞的直接接触（Mcguckin 等，2011）。其中，黏蛋白是由一种特化的肠上皮细胞——杯状细胞分泌，覆盖于肠道表面黏液层，促进了肠道内容物的清除，隔离并控制肠道微生物的入侵和定植，对维持肠道内稳态具有关键作用。此外，为了应对病原菌、真菌和寄生虫等的挑战，潘氏细胞产生了多种抗菌蛋白，其具有广泛的一级序列并能快速杀死或灭活微生物（Mukherjee 等，2015）。

3.1.4.1 乳铁蛋白增强黏蛋白的表达

黏蛋白在正常组织内稳态中起着至关重要的作用，一旦异常表达就会导致慢性炎症，甚至癌症（Krishn 等，2016）。在小肠和大肠中，MUC2 是杯状细胞合成和分泌的主要分泌性黏蛋白。Wang 等（2021）用右旋糖酐硫酸钠（DSS）构建小鼠结肠炎模型，利用 LF 进行干预，发现与单独 DSS 组相比，DSS 与 LF 联合处理组中 MUC2 显著升高，表明 LF 可以促进结肠黏膜的修复。此外，赵方舟（2020）对新生仔猪进行 LF 干预发现，其盲肠黏蛋白 MUC1 和 MUC4 的相对基因表达量显著提高，结肠黏蛋白 MUC4 的相对基因表达量同样出现了显著提高现象，在一定程度上提高了肠道化学屏障的防御功能。LF 同样可以提高体外模型 IPEC-J2 细胞中目标基因 MUC1、MUC4 和 MUC20 的表达量，可能是通过 MEK1/2 和 p38 信号通路来发挥肠道屏障保护作用，维持肠道环境的稳定（李贞明，2017）。

3.1.4.2 乳铁蛋白调节抗菌肽分泌

抗菌肽具有抗菌和免疫调节特性，可保护肠道免受感染。研究发现，人 β- 防御素 2（human β defensin 2，HBD-2）在细菌、TNF 和 LPS 等刺激下，其表达量会显著增强。而在结肠炎小鼠模型中，LF 可显著抑制 HBD-2 的表达（Wang 等，2021）。王燕（2007）通过体内仔猪饲养试验发现，LF 可以提高抗菌肽（PMAP、Prophenin、PR-39 和 Protegrin-1）基因的表达，发挥屏障保护作用，在体外细胞试验中同样发现了上述结果。其他研究均表明 LF 对化学屏障有保护作用，如表 3.2 所示。

表 3.2 乳铁蛋白对肠道化学屏障的影响

作用模型	影响	参考文献
小鼠结肠炎模型	MUC2 ↑	Wang 等，2021
新生哺乳仔猪	盲肠 MUC1、MUC4 ↑ 结肠 MUC4 ↑	赵方舟，2020
猪空肠上皮细胞 IPEC-J2	MUC1、MUC4、MUC20 ↑	李贞明，2017
小鼠结肠炎模型	β- 防御素（HBD-2）↓	Wang 等，2021
仔猪	抗菌肽（PMAP、Prophenin、PR-39、Protegrin-1）↑	王燕，2007

3.2 乳铁蛋白的生物学功能

LF 是一种糖蛋白，可刺激特定益生菌的生长。牛奶是 LF 的丰富来源，其生物活性肽乳铁蛋白是通过胃蛋白酶消化LF而获得的，对病原微生物具有抗菌作用。据报道，许多体外和体内研究都涉及促进益生菌生长的LF活性。LF能促进包括乳酸杆菌属和双歧杆菌属在内的益生菌生长，通过肠道微生物群，LF可以参与许多过程，如为肠道生长提供能量、肠道细胞成熟和分化，肠-脑-微生物群轴的信号传导促进神经纤维成熟，并调节炎症和免疫反应对肠道健康产生有益影响。hLF和牛LF具有高度序列同源性，具有非常相似的抗细菌、抗真菌、抗病毒、抗寄生虫、抗炎和免疫调节活性。它能够限制微生物对铁的利用，这是其重要的微生物特性之一。

3.2.1 乳铁蛋白的抗炎活性

肠黏膜免疫系统主要由IEC和免疫细胞组成，为营养物质的消化和吸收提供了场所，是对抗有害的非自身抗原和传染性病原体的屏障，保护宿主免受共生细菌和食物抗原的干扰。IEC不仅充当将肠道微生物群与免疫细胞分离的物理屏障，而且还充当肠道微生物群和免疫细胞之间的协调器。一旦屏障被破坏，不受控制的抗原可能进入固有层，导致多种细胞因子的释放，从而加剧肠道炎症的发展。

LF可被认为是一种有效的抗炎和免疫调节底物，通过调节肠黏膜免疫反应来预防和治疗炎症性肠病（Cutone等，2020；Wang等，2021）。作为一种天然的宿主防御调节因子，LF通过催化组织毒性羟基自由基的形成和清除组织中游离铁的沉积，具有一定的抗炎活性，这使LF成为治疗炎症性疾病的潜在手段。LF的抗炎活性可归因于其带正电荷的表面。LF与免疫细胞表面带负电荷的部分（如蛋白聚糖）相互作用，从而改变膜的渗透性，诱导病原体细胞溶解和死亡。这种关联可以触发导致生理抗炎反应的信号通路（Gonzalez-Chavez等，2009）。LF能够促进抗炎细胞因子IL-10、IL-12的产生，抑制促炎细胞因子如IL-1β、IL-6、TNF-α和IL-8的合成。这些成分的合成取决于免疫系统识别的信号类型。LF扩增适应性T细胞和自然杀伤细胞（natural killer cell，NK）的数量，并增加血液里中性粒细胞的聚集，从而引起吞噬作用并调节骨髓生成。促炎细胞因子的过量产生会损害肠道屏障，并诱导免疫细胞的积累和激活，从而驱动进一步的免疫反应并维持炎症性肠病的慢性肠道炎症。总的来说，肠上皮细胞和肠道免疫细胞对肠黏膜免疫系统具有特殊的重要性，并在IBD的发病机制中发挥着关键作用。越来越多的证据表明，在炎症性肠病（inflammatory bowel disease，IBD）模型中，LF可以调节IEC的增殖、免疫细胞的发育和成熟以及细胞因子的产生，以对抗炎症并维持肠黏膜免疫稳态（Kell等，2020；Legrand，2016）。流行病学观察表明，IBD患者的肠道通透性增加，紧密连接蛋白表达减少。

LF及其抗菌肽是在胃和肠消化阶段产生，与肠黏膜和肠道相关淋巴组织相关细胞中的LF受体大量结合，调节细胞因子的产生和免疫细胞的功能。在葡聚糖硫酸钠（dextran sulfate sodium salt，DSS）给药模型中，通过结肠内给予DSS小鼠LF，显著减少了小鼠的结肠损伤（Hoffman等，2018）。在过敏性鼻炎中，它通过调节IL-2和IFN-γ合成促进Th1反应并抑制Th2反应，减少炎症介质如IL-5和IL-17的释放并引起T细胞受体的交联，从而抑制T细胞的激活。在结肠炎中，LF促进各种炎症介质如TNF的减少，以及CD4细胞的浸润，有助于黏膜修复，改善炎症状态。总之，LF可能在新生儿的免疫反应中起着关键作用。由于LF的这些抗炎特性，给早产儿补充LF已被尝试用来减少晚发性败血症和坏死性小肠结肠炎（Razak和Hussain，2021）。

在抗炎药中加入LF可以最大限度地减少副作用。例如，吲哚美辛（一种非甾体抗炎药）在高浓度（100 μM）下抑制人类肌腱细胞的生长和增殖，而LF有助于人类肌腱细胞生存和生长。当LF与吲哚美辛联合给药时，能够缓解消炎镇痛药物产生的副作用（Zhang等，2014）。

3.2.2 乳铁蛋白的抗菌活性

LF对革兰氏阳性菌和革兰氏阴性菌在内的多种致病菌具有广谱抗菌特性（Yan等，2021）。LF具有带正电荷的N端区域，该区域与细菌的一种带负电的成分相互作用：革兰氏阳性菌膜中的脂磷壁酸和革兰氏阴性菌中的脂多糖（lipopolysaccharides，LPS），从而发挥强大的杀菌活性。这种相互作用破坏了微生物细胞膜的脂质双层，导致更大的渗透性、细胞内容物的损失,并最终导致死亡。LF 及其活性肽抑菌作用的机制主要有 3 种,如图 3.3 所示,抗菌肽结构上的阳离子和 α-螺旋可在细菌细胞膜上形成阳离子通道,改变细菌细胞膜的通透性,使细菌的脂多糖从外膜渗出,通过与糖胺聚糖(glycosaminoglycan,GAG)结合抑制微生物与宿主细胞的黏附以及改善肠道中正常共生益生菌菌群的生长,杀死细菌,即"膜渗透";游离铁是细菌生长的必要元素(Arnold 等,1980)。缺乏铁会抑制大肠杆菌的生长,大肠杆菌是一种依赖铁的细菌(Brock 等,1980)。通过夺取微生物生长所需的铁,使微生物因为缺铁而减缓或停止生长甚至死亡,即"铁剥夺";激发单核细胞和巨噬细胞的吞噬病菌作用。此外,LF 可以作为铁供体来支持一些铁需求较低的细菌的生长,如乳酸杆菌属或双歧杆菌属。

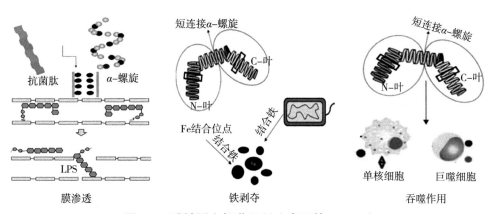

图 3.3 乳铁蛋白抑菌机制(高珊等,2023)

LF 对革兰氏阴性菌如大肠杆菌、铜绿假单胞菌、沙门氏菌、幽门螺杆菌、耶尔森菌、肺炎克雷伯菌和牙龈卟啉单胞菌,以及革兰氏阳性菌如芽孢杆菌、单核细胞增生李斯特菌和金黄色葡萄球菌具有抑菌和抗菌作用(Rascon-Cruz 等,2021)。LF 对革兰氏阳性菌和革兰氏阴性菌的抑菌和杀菌活性是由于两种不同的机制。一方面,它通过其生物活性肽 LF 发挥作用,LF 能够破坏革兰氏阴性菌细胞膜的稳定,增加其渗透性,允许溶菌酶等其他抗菌物质通过,从而增强杀菌效果。此外,LF 能够与 LPS 竞争与 CD14 的结合;这种结合阻止 LPS 释放促炎细胞因子,进而缓解宿主的组织损伤。另一方面，在革兰氏阳性菌中，LF 可以与细胞壁的脂磷壁酸结合，再次提高膜的不稳定性，并与溶菌酶一起产生杀菌作用。

在体内临床研究方面，20 多年前 Wada 等（1999）在无菌 BALB/c 小鼠中证明，给予 10 mg 牛 LF 3～4 周可显著减少胃中幽门螺杆菌的数量，并抑制细菌附着。2005 年 Okuda 等（2005）证实了 LF 在抑制人类幽门螺杆菌定植中可发挥的活性。在这项双盲安慰剂对照随机试验中，幽门螺杆菌阳性的健康受试者接受 LF（200 mg/天）或安慰剂治疗 12 周。治疗后，LF 组的 C- 尿素呼气测试值的下降显著高于对照组，这表明 LF 给药对抑制幽门螺杆菌定植是有效的。由于近几十年来的抗生素治疗导致抗生素耐药性菌株的增加，这些结果对开发新的根除疗法特别有意义。

目前已经证明 LF 可以增加真菌细胞膜的通透性，显著降低病原体的水平（Embleton 等，2021）。用 LF 治疗豚鼠被发现能够减少背部皮肤（体癣）和四肢皮肤（足癣）上的真菌感染（Wakabayashi 等，2000）。由于铁结合活性，LF 能够抑制一些念珠菌（白色念珠菌、克鲁塞念珠菌和热带念珠菌）和烟曲霉的生长。这些活性也已在小鼠体内得到证明。2003 年的一项研究表明，LF 可用于治疗口腔念珠菌感染，并促进伤口愈合（Takakura 等，2003）。

早产儿更容易受到真菌和细菌感染。因此研究者对添加 LF 以支持婴儿生长发育的配方乳粉进行了几项研究：将添加 0.6 g/L 和 1.0 g/L LF（成熟母乳中 LF 浓度范围）的婴儿配方乳粉与标准牛奶配方乳粉进行比较，评估 12 天至 12 个月大的健康足月儿的生长和耐受性。研究报告显示，两种配方乳粉之间的生长率没有差异（Johnston 等，2015）。几项研究调查了在早产儿的新生儿饮食（母乳、母乳和/或配方乳粉）中添加 LF 的情况，但未发现晚发败血症结果的显著差异（Asztalos 等，2020；Griffiths 等，2018）。未来的研究需要确定在配方乳粉中添加 LF 的有益效果，以增强足月儿和早产儿的抗病能力和免疫功能。

3.2.3 乳铁蛋白的抗病毒活性

LF 对广泛的裸露和包膜 DNA 和 RNA 病毒具有很强的抗病毒活性（Redwan 等，2014）。LF 防止病毒吸附到靶细胞主要有两种机制（图 3.4）：第一种是通过直接附着于病毒颗粒或阻断其细胞受体来抑制病毒颗粒进入宿主细胞。第二种是这些病毒通常利用细胞膜上的常见分子来促进其入侵细胞，常见的是硫酸乙酰肝素蛋白聚糖（heparan sulfate proteoglycans，HSPG）。HSPG 在宿主细胞表面提供第一个锚定位点，并帮助病毒与这些细胞进行初次接触。HSPG 可以是膜结合的，也可以在分泌囊泡和细胞外基质中。关于口服 LF 对人类病毒感染的影响，其对不同病毒的有益作用已被证明，如丙型肝炎病毒（Ueno 等，2006）、轮状病毒、人乳头瘤病毒、寨卡病毒、诺如病毒和人类免疫缺陷病毒（Ochoa 等，2013）。

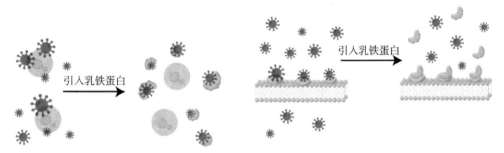

1. 乳铁蛋白直接与病毒结合　　2. 乳铁蛋白与细胞表面硫酸乙酰肝素蛋白聚糖结合

图 3.4　LF 防止病毒吸附到靶细胞的两种机制

研究表明，LF 能够通过与 HSPG 结合来阻止某些病毒的内化。LF 的抗病毒活性已在体外系统中被进行了广泛研究，并确定了 LF 抑制病毒感染的两种主要机制：①与病毒竞争与细胞受体的结合（Pietrantoni 等，2015）；②与衣壳或病毒包膜蛋白的直接相互作用（Pietrantoni 等，2003）。Shin 等（2005）的一项体内临床前研究表明，口服 LF 后可通过抑制肺部炎症细胞的浸润，减轻感染流感病毒的小鼠的肺炎症状。气溶胶脂质体疗法被广泛应用并取得了良好的效果，在一些头痛、干咳和鼻塞患者中，还可通过气溶胶给予脂质体 LF，这不仅对缓解呼吸道症状，而且对缓解咳嗽、头痛和嗅觉味觉功能障碍非常有用。

3.2.4 乳铁蛋白的抗氧化活性

细胞呼吸过程中,过量的活性氧(reactive oxygen species,ROS)产生和积累会导致机体的代谢紊乱。当ROS的产生超过机体抗氧化系统的清除能力时,就会发生氧化应激。氧化应激在内皮依赖性血管舒张的功能丧失以及通过各种信号通路激活刺激肥大、炎症和细胞凋亡方面发挥着至关重要的作用。LF的抗氧化活性与其铁结合能力有关,能够减少ROS的产生。Hu等(2020)研究发现LF能够降低细胞内ROS水平和丙二醛(malondialdehyde,MDA)水平,并上调谷胱甘肽过氧化物酶(glutathione peroxidase,GSH-Px)活性。结果还显示,用LF预处理人脐静脉内皮细胞显著降低了细胞内和细胞外过氧化氢水平,同时细胞内和细胞外液中的总抗氧化能力显著增加(Safaeian等,2015)。

在健康个体中,补充LF与亲水性抗氧化活性的增加有关。LF还通过抑制脂质过氧化和溶血对红细胞显示出抗氧化作用。此外,研究表明,LF预处理可以保护人骨髓间充质干细胞免受氧化应激,通过阻止蛋白激酶B(protein kinase B,Akt)和胱天蛋白酶-3的激活来抑制过氧化物诱导的衰老(Park等,2017)。在孕妇妊娠过程中,一些并发症也与氧化应激有关,在阴道给予LF可通过清除ROS、介导Fe^{3+}消除来减少脂质过氧化物的形成,从而降低妊娠中期遗传性羊水穿刺孕妇羊水中的氧化应激(Trentini等,2020)。

3.2.5 乳铁蛋白的抗癌活性

据世界卫生组织的报告,癌症是发达国家的第一大死因。癌症细胞具有迁移性和侵袭性表型,使其能够从原发部位分离并进入循环系统,从而转移到远处。细胞迁移活动是包括形态发生、伤口愈合和组织再生在内的一个基本过程。这种类型的迁移被称为"集体细胞迁移",涉及具有紧密细胞间连接的大片细胞,而不是单个细胞。此外,化疗可能会对生育能力产生副作用,对于女性来说,还会造成过早绝经,从而增加患骨质疏松症的风险。从这个意义上说,研究人员正在寻找更天然的抗癌治疗方法,以减少肿瘤患者的副作用。

1994年，Bezault及其同事（1994）首次提出了令人信服的数据，证明hLF在纤维肉瘤和黑色素瘤小鼠模型中的抗癌活性。许多癌症细胞都含有高含量的蛋白聚糖和唾液酸，这些物质可能激活其他信号通路从而对细胞产生有害影响（Iglesias-Figueroa等，2019）。LF及其肽的抑癌作用是，可以在人体内触发细胞凋亡和血管生成素信号传导等多种信号通路（Jiang等，2017），并增加肿瘤抑制蛋白的表达。有趣的是，Zhang等（2015）研究表明，在口腔鳞癌模型中，通过使用甲基转移酶抑制剂恢复hLF基因表达会损害癌症细胞的生长和转移。LF的预防作用已在几种携带不同类型肿瘤的动物模型中得到证实，包括肺、舌、食道、肝脏和结肠直肠癌等。研究发现，口服重组hLF通过直接细胞抑制和系统免疫调节抑制癌症（头颈癌）细胞的生长（60%～80%抑制）（Wolf等，2007）。

人们对LF的抗癌作用进行了广泛的研究，并且已经观察到，在LF存在的情况下，除了细胞迁移减少外，不同的癌症细胞还遭受显著的损伤，例如细胞周期停滞、细胞骨架受损和诱导凋亡（Zhang等，2014）。LF能够通过以剂量依赖的方式增强正常细胞的DNA合成和细胞生长，包括新生大鼠肝细胞、人子宫内膜基质细胞、原代大鼠和人成骨细胞以及人胚胎肾细胞等。通过将表达hLF cDNA的腺病毒注射到患有EMT6乳腺癌的小鼠的肿瘤部位，Wang等（2011）证明了hLF可以显著降低肿瘤生长。在分子水平上，研究发现hLF通过降低抗凋亡Bcl-2和增加促凋亡Bax和caspase 3的表达来诱导凋亡过程。此外，研究者还证明了hLF的片段PRF肽也具有抗肿瘤活性：这种肽能够诱导白血病细胞死亡，PRF肽诱导G0/G1细胞周期停滞（Lu等，2016）。同时还可以增加胱天蛋白酶-3的表达，促进DNA断裂，从而促进HL-60白血病细胞系的凋亡。有证据表明，对于癌症的治疗，最有希望的方法可能是抑制Akt信号通路。研究结果表明，LF通过降低PKB/Akt通路的表达和激活，对二乙基亚硝胺诱导的大鼠肝癌发生具有化学预防作用（Hegazy等，2019）。LF被认为能够通过下调Akt细胞内信号传导来诱导胃癌细胞株SGC-7901凋亡。特别是，LF处理诱导了Thr308和Ser473中Akt的去磷酸化，从而阻断了下游的凋亡调节因子（Xu 等，2010）。在小鼠中，口服 LF 可抑制肿瘤诱导的血管生成（Shimamura 等，2004）。动物模型研究报告显示，LF 可以抑制结肠癌，临床试验证明 hLF 可以降低结肠癌的风险，此外，绿原酸 –LF 稳定复合物的协同作用抑制了结肠癌细胞株 SW480 的增殖；这种复合物促进细胞周期停滞在 G0-G1 过渡期（Zhang 等，2022）。

LF 受体在癌细胞中过表达，以提供这些快速增殖细胞日益增加的营养需求。对于这些细胞的特异性靶向，开发 LF 纳米载体是一种很好的方法。已经证明 LF 和乳过氧化物酶的纳米复合物在各种癌症细胞系中比游离形式的 LF 更有效地介导抗肿瘤活性的凋亡（Abu-Serie 和 El-Fakharany，2017）。LF 可以在癌症细胞中产生细胞因子，阻止肿瘤生长并诱导凋亡；它还可以阻止恶性肿瘤中 G1 至 S 期的转变。LF 作为癌症治疗的载脂分子的使用具有以下几个优点：①高稳定性和对蛋白水解的抵抗力，使其适合于 NPs 的制备和长期储存；②当静脉输注时抗原性无效或很低；③由于靶受体在癌症细胞的质膜上过度表达，对肿瘤细胞具有很高的选择性；④能够显著提高化疗效率的抗癌特性；⑤即使在高剂量下也证明了其安全性。

3.2.6　乳铁蛋白预防贫血，促进铁吸收

铁作为参与几个关键代谢途径和细胞功能的关键酶的辅因子；它的缺乏会导致疲劳和免疫力下降，而 LF 具有良好的铁亲和力。在一项研究中，当孕妇补充口服 LF 时，她们的血红蛋白、铁蛋白和血清总水平升高，缺铁性贫血的发生率降低。内凝集蛋白 1（intelectin-1，ITLN1）是一种高亲和力 LF 受体，从促进婴儿肠道铁吸收到增强免疫系统，能够转导多种 LF 介导的功能。对小鼠不同组织分析显示，INTL1 在消化道（食道、胃、小肠和大肠）、神经系统（小脑、下丘脑、海马、垂体、神经节和脊髓）、生殖系统（睾丸和卵巢）和其他器官中表达，如胰腺、肾皮质、肺、心脏和肝脏，表明其在循环 LF 重新分布到体内中的关键作用。

口服 LF 的生物利用率随发育而变化，婴儿肠道吸收率较高，成年期

吸收率较低。LF在哺乳期发挥着关键作用，既有增强新生儿免疫防御的作用，也有促进乳汁铁吸收的作用。对45名6个月大的足月儿进行母乳和牛奶喂养，并对二者铁吸收和铁状态关系的研究表明，母乳中金属矿物质的吸收率高达50%，而牛奶和婴儿配方乳粉中铁的吸收率较低，为5%～20%（Saarinen等，1977）。几项研究评估了LF对新生儿、婴儿和儿童肠道健康和新生儿败血症的疗效，发现LF是有效的，几乎没有副作用（Wronowski等，2021）。当LF分子通过自身受体进入肠细胞时，LF增强了肠细胞对铁的吸收，然后铁从肠细胞内的LF中释放出来，并通过转铁蛋白参与到体内循环中。关于学龄前儿童，一项针对260名婴儿（4～6个月）的前瞻性、多中心、对照干预研究，评估并比较了含LF的铁强化配方乳粉和不含LF铁强化配方乳粉对足月儿血液指标和铁状况的影响（Ke等，2015）。这项研究的结果表明，只有在喂食LF强化配方奶的婴儿中，才能观察到全身铁含量和肠道铁吸收的显著增加。与硫酸亚铁相比，LF显著增加了血红蛋白、血清铁和血清铁蛋白的浓度。运动员也经常出现运动性贫血，尤其是女性长跑运动员，很容易患上这种贫血。因此，Koikawa等（2008）进行了一项研究，以验证服用LF是否可以改善或预防这些运动员的贫血。这项研究的结果表明，LF可以增加女性长跑运动员对铁的吸收，这表明LF有助于预防运动性贫血（表3.3）。

表3.3 受试者的血液参数

参数	对照组		乳铁蛋白组	
	治疗前	治疗8周后	治疗前	治疗8周后
Fe（mg/dL）	104.4±19.8	75.8±29.4#	88.5±38.6	81.3±22.8
Ferritin（ng/mL）	19.6±6.5	13.5±6.1#	34.1±26.2	21.4±13.2
RBC（10^6/mL）	4.2±0.2	3.9±0.2#	4.3±0.2	4.2±0.2**
Hb（g/dL）	13.0±0.8	12.4±0.7	13.1±0.8	13.0±0.6
MCV（fL）	93.8±1.8	95.1±2.6	92.5±2.6	94.4±1.9##
MCH（pg）	31.3±0.8	31.8±0.9	30.7±1.0	31.1±0.8#

注：与治疗前相比有显著差异#（$P < 0.05$），##（$P < 0.001$）。两组比较有显著性差异**（$P < 0.01$）。

3.2.7 乳铁蛋白促进骨再生

在 LF 表现出的多种特性中，其参与骨再生过程是目前人们非常感兴趣的研究。一系列体外和体内研究揭示了 LF 促进成骨细胞存活、增殖和分化以及抑制破骨细胞介导的骨吸收的能力。尽管 LF 在骨细胞中的作用机制尚未完全阐明，但已表明其导致成骨细胞存活的作用模式与其促有丝分裂作用相辅相成。LF 能够阻碍破骨细胞生成，同时对成骨细胞能产生一定的积极作用。

骨代谢由成骨细胞和破骨细胞之间的动态平衡调节，乳蛋白对成骨细胞和破骨细胞的调控机制如图 3.5 所示。与未经处理的成骨细胞相比，牛 LF 和天然 hLF 都增加了 S 期和 G2/M 期细胞的比例，增强了 p38 信号通路（Liu 等，2018）。LF 已被发现通过介导 IGF-1R 和 IGF-1R 非依赖性机制促进成骨细胞增殖，同时抑制细胞凋亡，它还激活 PI3K/RAS 信号通路（Hou 等，2015）。研究表明，LF 及其肽可增强成骨细胞的增殖和分化，并阻止破骨细胞分化。LF 通过协调生长因子和细胞因子对成骨细胞发挥有益作用，研究表明 LF 可诱导成骨细胞中某些细胞因子或生长因子的分泌，从而影响成骨细胞和其他骨骼成分细胞的活性和功能（An 等，2019）。此外，LF 衍生的肽 LFP-C 通过增加 G2/M 期成骨细胞比例来增强 MC3T3-E1 小鼠细胞系的增殖，还增加了钙沉积和碱性磷酸酶活性。Wen 等（2021）研究了牛 LF 的胃蛋白酶水解衍生的 P1 肽的成骨作用，可促进成骨细胞增殖和增强碱性磷酸酶活性。LF 成骨作用的机制主要有：①防止骨质流失，增强骨密度和骨强度；② LF 对骨形态的促进作用与免疫调节作用相关联；③促进成骨细胞和成骨样细胞增殖和分化；④抑制成骨细胞及成骨样细胞凋亡；⑤抑制破骨细胞的生成。有研究表明，LF 可阻止去除卵巢小鼠的骨密度减小，可以缓解去卵巢大鼠的创伤性骨关节炎（Malet 等，2011），这可能与 LF 对软骨下骨密度和结构以及覆盖软骨存在保护作用以及能降低基质金属蛋白酶 13 和抗酒石酸酸性磷酸酶表达水平间接相关（李季青等，2016）。

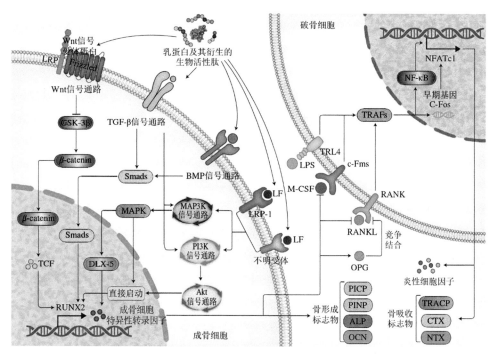

LPS，脂多糖（lipopolysaccharide）；TRL4，Toll样受体4（Toll-like receptor 4）；PICP，I型前胶原羧基末端肽（type I procollagen carboxyl-terminal peptide）；PINP，I型前胶原氨基末端肽（type I procollagen amino-terminal peptide）；ALP，碱性磷酸酶（alkaline phosphatase）；TRACP，抗酒石酸酸性磷酸酶（tartrate resistant acid phosphatase）；OCN，骨钙素（osteocalcin）；CTX，I型胶原交联羧基末端肽（type I collagen carboxy-terminal peptide）；NTX，I型胶原交联氨基末端肽（type I collagen amino-terminal peptide）

图 3.5　乳蛋白及生物活性肽对成骨细胞和破骨细胞的调控机制（王起山等，2023）

LF单独或与不同的生物活性化合物组合在骨组织再生和治疗骨病中的潜在用途引起了人们的极大兴趣。由于LF在体内的生物利用度很低，因此开发了一种基于纳米技术的策略来改善LF的生物特性。所研究的制剂包括将LF掺入胶原膜、明胶水凝胶、脂质体，负载到纳米纤维上、多孔微球上或涂覆到二氧化硅/钛基植入物上。LF还与其他生物活性化合物如仿生羟基磷灰石偶联，以提高用于调节骨稳态的生物材料的功效。另有研究报道，与牵张成骨技术相比，LF处理具有更好的效果，它可以增加新西兰大白兔胫骨强度，并能加快牵张成骨处理的大白兔的骨愈合。另外，也有研究表明，LF可以促进人成骨肉瘤细胞Saos-2细胞的黏附、增殖和成骨分化（Vandrovcova 等，2015），对成骨具有重要意义。

3.2.8　乳铁蛋白保护神经系统

由于铁沉积的调节对神经细胞至关重要，生物体利用几种机制来减少铁的相关应激，如神经铁蛋白合成、转铁蛋白转运、铁调节、线粒体铁螯合和血红素加氧酶 –1 诱导。据观察，当 LF 附着在铁上时，它可以防止多巴胺能神经元的自发和进行性死亡。此外，它也可以防止已经受损的大型神经元群体的死亡。小胶质细胞与哺乳动物的早期神经发育和认知功能、细胞突起的增加、微管动力学、轴突的形成和分布、细胞骨架的形成有关。有人认为，LF 对多巴胺能神经元自发丢失的保护作用可能是由对分裂神经胶质细胞的间接作用引起的，因为用 LF 治疗可以增加小胶质细胞的分裂，小胶质细胞是炎症过程中的重要介质，在大脑中具有神经保护功能。除了铁结合能力外，当小胶质细胞被神经退行性过程激活时，LF 的 mRNA 表达及其在多巴胺能神经元中的受体也会增加。一旦产生 LF，它就会保留在多巴胺能神经元中，其中近端区域与硫酸乙酰肝素蛋白多糖（heparan sulfate proteoglycan，HSPG）结合。LF 在多巴胺能神经元中的保护作用可能也是由于 HSPG 中的直接竞争结合。另外，在引起线粒体损伤的多巴胺能神经元中使用 1- 甲基 –4- 苯基 –1,2,3,6- 四氢吡啶神经毒素的试验表明，神经元死亡是由于线粒体游离钙水平的降低而发生的，并且 LF 的添加刺激了蛋白激酶 B 的磷酸化，线粒体游离钙的产生持续升高，导致多巴胺能神经元细胞存活率的显著增加。神经发育中的 LF 是一种富含唾液酸的糖蛋白，正因为如此，它可以促进神经发育。出生和哺乳期间补充 LF 可减少侧脑室注射 LPS 的大鼠幼崽的脑损伤（Ginet 等，2016），改善了动物的心室扩张、髓鞘形成不足和增加轴突直径。利用仔猪作为动物模型的研究表明，给予 LF 可以促进仔猪认知功能、神经发育和记忆。在仔猪生产中，富含 LF 的日粮有助于减少动物焦虑和冲动（Jahan 等，2017）。脑血液供应中断后再次恢复，也会对脑细胞产生较大的损伤，是一种复杂的病理过程，涉及多种细胞和分子机制。许多报道证实了 LF 对脑缺血损伤的保护作用。在一项研究中，他们比较了 LF、β- 乳球蛋白和 α- 乳白蛋白对脑卒中的保护作用，结果表明，TLR-4 靶向这些生物活性蛋白阻断脑缺血再灌注。早产儿因缺氧－缺血引起的脑损伤发生率很高，并伴有随后的神经发育障碍，因此LF在保护婴儿免受神经损伤方面可能有很好的应用前景。

由于LF与认知和神经发育的改善有关，并且可以改变退行性过程的进展，因此LF的产生可能对神经退行性疾病的治疗有一定作用。此外，由于血浆LF水平与疾病严重程度呈负相关，这可能是大脑试图对抗正在进行的神经元损伤的证据，并可能用作神经病变指标。

尽管由于母乳中存在LF，大多数LF研究都集中在新生儿时期，但新的证据表明，LF对神经退行性疾病有好处。阿尔茨海默病和帕金森病等神经系统疾病与铁代谢有关。在阿尔茨海默病患者中，铁和其他金属积聚在淀粉样蛋白-β斑块中。LF是一种螯合剂分子，可以穿过血脑屏障，因此，LF可以作为一种潜在的治疗阿尔茨海默病的方法。除此之外，盐酸阿霉素等药物向神经胶质瘤的特异性递送是由涂有LF的纳米凝胶介导，从而穿透血脑屏障（Zhang等，2021）。作为一种可以穿过血脑屏障的先天物质，LF可直接用于治疗神经系统疾病，也可作为许多神经药物的递送介质，没有任何副作用。因此，研究LF在脂质体中的应用，未来可用于药物向中枢神经系统的靶向递送。

3.3 乳中不同铁饱和度乳铁蛋白功能的差异

LF的铁饱和度是指LF中的铁与LF总铁结合能力的百分比。LF的二级结构呈"二枚银杏叶型"结构，铁离子的结合点位于两叶的切入部分，LF的N端和C端可各与一个铁离子结合，一分子的LF可以结合两个铁离子。理论上来说，1 mol LF结合2 mol铁，1 g LF含有1.4 mg铁被认为是100%饱和的。LF可以按照LF铁饱和度进行分类，铁饱和度低于5%的LF被称为apo-LF，铁饱和度高于85%的LF被称为holo-LF，native-LF的铁饱和度为15%左右，hLF的铁饱和度为4%左右。LF的铁饱和度间接表征其铁结合的能力，LF铁饱和度不同，往往会影响其颜色、三维空间结构、热稳定性及生物学功能等。

3.3.1 不同铁饱和度乳铁蛋白对颜色的影响

Native-LF 铁饱和度为 15%～20%，呈粉红色粉末状，颜色随着铁饱和度的增加而变深，apo-LF 几乎是无色的粉末状。LF 的颜色会因铁饱和度的变化而产生差异，随着 LF 铁饱和度增加，红色、黄色强度增加，导致了亮度的下降；色调角的数值显示 LF 的颜色从黄色变为红色，导致了色度的升高。红色（a*）和黄色（b*）的强度随着其含铁量的增加而增加，而亮度（L*）则随着其含铁量的增加而降低（图 3-6）。黄度的变化大于红度，尤其是 native-LF 和 holo-LF 之间的变化大于 apo-LF 和 native-LF 之间的变化。正如预期的那样，铁含量越高，颜色强度（C*）越高。此外，色觉（h°）显示，随着铁含量的增加，LF 的颜色由黄色变为红色，不同形态的 LF 在颜色强度和颜色知觉上存在显著差异（$P<0.05$）（Bokkhim 等，2003）。铁饱和度为 25% 和 30% 的 LF 在红色、黄色、亮度、色度和色调角上都没有显著的差异性（$P>0.05$），可能是这两个 LF 的铁饱和度相差较小，因此铁饱和度为 25% 和 30% 的 LF 在颜色上没有明显的区别（王舒晨，2020）。

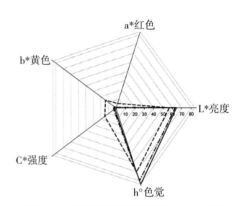

图 3.6 雷达曲线图显示了 apo-LF（绿色 –）、native-LF（黄色 – · –）和 holo-LF（红色 – –）的 1%（wt/wt）水溶液的平均 L*、a*、b*、C* 和 h° 值（Bokkhim 等，2013）。

3.3.2 不同铁饱和度对乳铁蛋白结构的影响

通过 X 射线结晶学分析 apo-LF 和 holo-LF 结构发现（图 3.7），holo-LF (A) 和 apo-LF (B) 的 C1 和 N1 端是完全相同的，但是 holo-LF 的 N2 配体比 apo-LF 结合紧密，C2 配体也是同样，因此，从蛋白的二级结构上分析，holo-LF 呈闭合状态，而 apo-LF 则呈开放状态，前者也更为稳定。研究表明，LF 在结合铁和释放铁时构象会发生很大的变化（图 3.8），与 apo-LF 相比，holo-LF 结构更稳定、更致密（Grossmann 等，1992）。三种不同结合态的 LF 抗巴氏杀菌热变性的能力依次是 holo-LF>native-LF>apo-LF，因此 holo-LF 和 apo-LF 在二级结构上稍有不同（唐传核等，2000）。

对铁含量分别为 0.9%、12.9% 和 99.7% 三种形式的 apo-bLF、native-bLF 和 holo-bLF 的物理化学性质进行了表征，LF 的形态对其颜色、表面张力、热性能、粒子电荷和流变行为都有影响，LF 的表面张力往往随着铁含量的降低而降低，圆二色性（Circular dichroism，CD）光谱证实，所有形式的 LF 都具有相似的二级结构，而 holo-LF 的三级结构不同（Bokkhim 等，2013）。随着铁饱和度的增加，LF 中 α- 螺旋结构逐步转变为 β- 折叠结构，促使蛋白质分子排列更有序，分子的结构更紧密、稳定（Carmona 等，2014），LF 的活性功能也随之发生变化。apo-LF 的热稳定性低于 holo-LF，失活速率也比铁饱和型快。同样已有研究证实 apo-LF 的失活速率比 holo-LF 快，holo-LF 的抗巴氏杀菌热变性能力强于 apo-LF（Hiroaki 等，1991）。此外，holo-LF 可以保留更多的次级键，有更加稳定的空间结构，因此具有比 native-LF 以及 apo-LF 更加稳定的理化性质，表现在耐水解和耐热处理上。

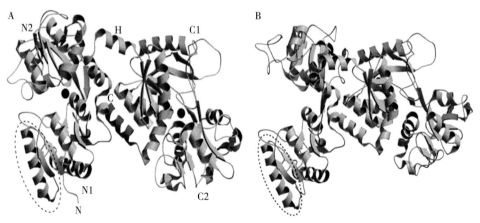

图 3.7　乳铁蛋白结构（Faber 等，1996）
（A）铁饱和型乳铁蛋白，（B）缺铁型乳铁蛋白

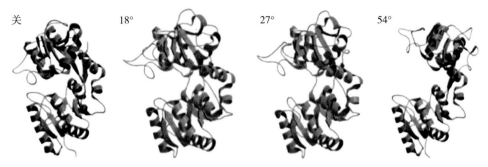

图 3.8 乳铁蛋白在结合铁到脱铁的过程中由闭合到开放的构象（王韫，2015）

3.3.3 铁饱和度对乳铁蛋白补铁作用的影响

apo-LF 可促进肠道内铁的吸收、降低贫血检出率，且效果显著优于 holo-LF（Ke 等，2015）。LF 的铁饱和度越高，LF 结合的铁量就越多，apo-LF 可结合的铁量远高于其他铁饱和度的 LF。LF 所携带的铁离子的代谢方式与无机铁盐的代谢方式不同，小肠在吸收 LF 中结合铁时，LF 是以水解后的氨基酸分子的形式被吸收的，不需要载体的协助（王淑晨，2020）。铁饱和度高的 LF 所携带的铁离子更多，铁吸收的效果会更好。与单独的 $FeSO_4$ 相比，含 apo-LF+$FeSO_4$ 膳食的铁吸收分数高于含 $FeSO_4$ 膳食和 holo-LF 膳食（表 3.4）；从 holo-LF 吸收的铁的量与 $FeSO_4$ 的量相当，并且将 apo-LF 添加到含有 $FeSO_4$ 的试验膳食中显著增加（+56%）了铁吸收（图 3.9）（Mikulic 等，2020）。在 pH>3 的婴儿近端肠道中，理论上完整的载脂蛋白可以结合普通非血红素铁池中的铁，这种结合可能潜在地通过 LF 受体增强铁的吸收，或者，它可以通过减少铁与抑制性膳食配体（如植酸）的结合来促进吸收。同时，铁与肠道铁的结合可能限制其对肠道病原体的利用；这将是在婴儿期增加膳食铁而不会对肠道微生物群产生不利影响的有利方法（Jaeggi 等，2015）。同时，有研究指出源自部分消化的 apo-LF 的肽片段可以直接增强铁吸收（Li 等，2017）。

表3.4　不同铁饱和度对乳铁蛋白补铁的影响（王舒晨，2020）

铁饱和度	4%	11%	15%	25%	30%	40%
结合铁量（mg/L）	0.59±0.03a	1.03±0.05b	1.62±0.11c	1.77±0.24d	2.8±0.05e	3.24±0.16f
可结合铁量（mg/L）	25.53±0.02a	12.35±0.13b	8.53±0.05c	6.03±0.02d	5.15±0.003e	3.98±0.06f

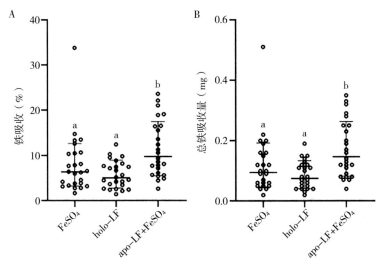

图3.9　肯尼亚婴儿（n=25）部分铁吸收（A）和总铁吸收（B）（Mikulic 等，2020）

3.3.4　对热稳定性的影响

在热稳定性方面，通常采用差示扫描量热法检测温度对蛋白热诱导构象和相变的影响。Evans 等（2008）采用此方法检测 LF 不同铁饱和度的热稳定性发现，其中 apo-LF 变性温度为 60～66℃、native-LF 的变性温度为 88～92℃，当 LF 越接近饱和度时，其耐受性越高。差示扫描量热仪分析表明，水溶液中的 apo-LF 和 holo-LF 分别表现出（71±0.2）℃和（91±0.5）℃的热变性温度（图3.10），这表明 LF 的铁饱和度倾向于提高其热稳定性（Bokkhim 等，2013）。Native-LF 有两个热诱变峰值，此结果可能与 LF 的二级构象有关；apo-LF 在达到热诱变峰值后继续加热并没有其他峰值的出现，此现象的出现可能与失去铁离子、蛋白结构变为开放状态、分子链不稳定有关；而 holo-LF 的热诱变峰值明显高于 apo-LF，也高于 native-LF（邸维，2012）。因此，通过 DSC 检测可以对三种结合态的 LF 从热稳定上得出结论，holo-LF>native-LF>apo-LF。随着铁饱和度的增加，蛋白质稳定性增加。随后，在研究山羊 LF 和牛 LF 的热稳定性时也验证了这一规律。Sreedhara 等（2010）利用差式扫描量热法检测铁饱和度为 5% 的羊 LF 和铁饱和度为 15% 的牛 LF 的热变性温度发现，二者的热变性温度分别为 66°C 和 70°C，表明 LF 铁饱和度越高时，其热稳定性越强。LF 的热稳定性随着铁饱和度的增加而增加，而且 holo-LF 的两叶也具有不同的热稳定性，这可能是由于它的结构更紧密因而更难以失活。但是在酸性条件下 apo-LF 非常稳定，在 pH 值为 4.0 环境下 90°C 热处理 5min，其铁结合能力、抗原活性以及抗菌活性与未处理前相同（邸维，2012）。apo-LF 在酸性条件下非常稳定，在 pH 值为 4.0，90°C 条件下加热 5min，铁结合能力和抑菌特性基本无变化（Craven 等 2008）。apo-LF 和 holo-LF 在牛奶体系中比在磷酸缓冲液中对热更敏感，而在磷酸缓冲液中，apo-LF 和 holo-LF 变性得更快（Kussendrager 1994）。apo-LF 在 pH 值 2.0～3.0 条件下 100～200°C 处理 5min 时明显发生降解，而其抗菌活性却有所增强，这是由于 LF 水解后成为 LF 活性多肽，这种活性多肽也具有特殊的生理功能，它的抑菌效果是 LF 的 400 倍，由此说明 LF 的活性部位是很稳定的，能耐受酸性降解（陈车生等，2008）。apo-LF 和 native-LF 的热敏感性比 holo-LF 要高，加热至 80°C 会形成大的不溶性聚集体，而 holo-LF 加热至 80°C 时才刚形成可溶性聚集体。LF 的聚集是通过非共价相互作用和游离巯基残基的分子间硫醇/二硫化物反应的组合进行的。LF 的两个裂片会在铁饱和的状态下闭合，可以将两个蛋白质裂片核心的非共价位点隐藏起来，减少分子间的相互作用和不溶性聚集体的形成。铁饱和度也在较高温度下稳定了二硫化物键的完整性（Brisson 等，2007）。铁饱和度增加了 holo-LF 的稳定性，从而减少了聚集，增加了蛋白质聚合物的溶解度。holo-LF 更紧凑的构造使其在加热时不会聚集。LF 的聚集取决于铁饱和度。铁饱和度越高，加热时形成的不溶性聚合物就会越少，LF 的热稳定性就越好。

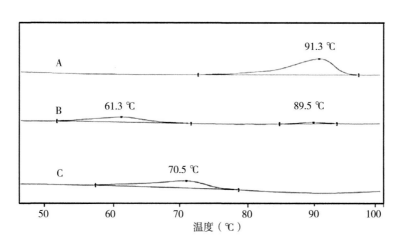

图3.10　10%（wt/wt）的holo-LF（A）、natural-LF（B）和apo-LF（C）溶液在自然pH值下的热谱图

3.3.5　铁饱和度对乳铁蛋白抑菌作用的影响

铁饱和度还会影响LF的抑菌作用，铁饱和度越低时LF抑菌性越强，其抑菌活性主要与N-叶、C-叶结合铁的能力不同有关。Bullen等（1972）在1972年首次提出LF具有抑菌作用。LF可夺取需铁细菌所必需的铁元素，从而抑制其生长。且LF可以结合细菌所需的铁来达到抑菌效果，不同铁饱和度的LF结合铁的能力不同，铁饱和度低的LF结合铁的能力要强于铁饱和度高的LF。那么随着铁饱和度的升高，LF的抑菌性降低。研究已经充分证实LF属于广谱抑菌剂，既可抑制需铁的革兰氏阴性菌，如大肠菌群中的大肠杆菌、沙门氏菌、志贺菌等；也可抑制革兰氏阳性菌，如金黄色葡萄球菌、单核细胞增生李斯特菌等。LF对革兰氏阴性菌和阳性菌的抑菌作用是由于LF高度结合铁，使细菌失去生长所需基本元素铁，LF铁饱和度越低，抑菌效果会越好。LF能抑制的细菌如表3.5所示。

LF还能与微生物菌体发生凝集作用，使之死亡。Arnold等（1982）通过荧光免疫研究发现，apo-LF可与菌体表面结合，从而隔断外界营养物质进入菌体，致使菌体死亡。LF对变异链球菌、霍乱弧菌等有直接致死作用，且与铁无关。LF通过氨基末端强阳离子结合区域，增加细菌细胞膜通透性，使细菌脂多糖从外膜渗出，达到直接杀菌作用；另外，LF可通过水解得到抗菌肽实现抗菌作用。将LF通过蛋白酶水解获得一些低分子量的肽，这些肽抗菌活性大幅增强，可抑制革兰氏阴性菌和阳性菌的生长（Gu等，2016）。

　　Apo-LF对病原菌的生长也有选择性抑制作用，但对乳酸菌的生长无影响（Tian等，2010）。从罗伊氏乳杆菌或发酵乳杆菌培养中获得的无细胞上清液（以消耗乳酸的作用）增强了apo-LF对致病菌株甚至耐甲氧西林金黄色葡萄球菌（MRSA）的抑制活性，而不影响乳酸菌的生长，可能的机制涉及apo-LF能够促进益生菌菌株在培养上清液中释放的分泌抗菌化合物进入MRSA细菌（Chen，2013b）。Native-LF和apo-LF能显著抑制大肠埃希菌K88和金黄色葡萄球菌的生长，而holo-LF没有表现出抑菌活性，补铁可以消除apo-LF对大肠埃希菌K88的抑制作用（图3.11），说明apo-LF是通过螯合铁发挥抑菌功能，扫描电镜观察结果显示，apo-LF破坏了大肠埃希菌K88和金黄色葡萄球菌的细菌膜结构，但holo-LF对所有被测细菌都没有影响，三维结构预测结果提示，apo-LF和holo-LF的三维结构开放程度明显不同，apo-LF的活性位点可能更容易与细菌直接作用（王振杰等，2022）。apo-LF既可以通过螯合铁的方式抑制细菌生长，也可以通过破坏细菌膜结构的方式抑制大肠埃希菌K88和金黄色葡萄球菌的生长。不同铁饱和度的LF对金黄色葡萄球菌的抑制效果要好于对大肠杆菌的抑制效果，主要是因为细胞壁的差异导致了不同铁饱和度的LF对其生长抑制作用的不同。apo-LF对鼠伤寒沙门氏菌和粪肠球菌等食源性致病菌的生长有抑制作用（Chen等，2013）。apo-LF抑制婴儿双歧杆菌和嗜酸乳杆菌的生长，而铁饱和度66%的LF（holo-66LF）抑制双歧杆菌的生长，但对乳酸菌没有作用（Griffiths等，2003），相反，holo-98LF和holo-98hLF均能抑制乳酸菌的生长，但对双歧杆菌没有抑制作用。在单次培养试验中，apo-LF、apo-hLF和holo-66LF可抑制食源性致病菌的生长，但holo-98LF未改变食源性致病菌的生长；在共培养试验中，apo-LF和holo-66LF选择性地延缓了大肠杆菌O157:H7的生长，而不影响婴儿芽孢杆菌的生长（Griffiths等2003）。holo-LF和apo-LF均能刺激短芽孢杆菌、婴儿芽孢杆菌和双歧芽孢杆菌的生长，但对长芽孢杆菌没有影响（Kim等2014）。在铁缺乏的培养条件下，holo-hLF促进了短双歧杆菌的生长，apo-hLF抑制了其生长（Chen等，2017）。这些结果表明，apo-LF 对病原菌和益生菌具有抗菌作用，或对某些益生菌具有选择性促生长作用。

表 3.5　乳铁蛋白能抑制的细菌

抗菌方式	细菌名称	参考文献
结合铁，使细菌失去必需元素铁	嗜热脂肪芽孢杆菌 金黄色葡萄球菌 大肠杆菌 O157:H7 表皮葡萄球菌	Oliver 等，1984 Hammerschmidt 等，1999 Rybarczyk 等，2017 Roseanu 等，2010
增加细菌细胞膜通透性	支原体 铜绿假单胞菌 牙龈卟啉单胞菌	Iglesias 等，2016 Wang 等，2001 Wakabayashi 等，2010
与铁无关的相互作用	枯草芽孢杆菌 肺炎克雷伯菌 突变体链球菌 幽门螺杆菌	ORAM 等，1968 Qiu 等，1998 Francesca 等，2004 Wang 等，2001

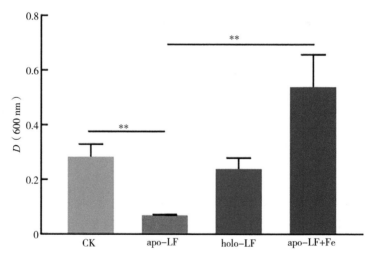

图 3.11　补铁对乳铁蛋白处理的大肠埃希菌 K88 生长的影响

3.3.6　铁饱和度对乳铁蛋白抗氧化作用的影响

经胃、肠道消化和吸收后，apo-LF 的抗氧化活性显著强于 Native-LF 和 holo-LF（Bo 等，2017）。LF 可以结合游离的铁离子来达到抗氧化的作用，apo-LF 结合铁的能力要强于 holo-LF，apo-LF 的抗氧化能力是最好的，随着铁饱和度的增加，LF 的抗氧化性逐渐减弱。

机体内氧自由基过剩时，会引起脂质的过氧化，损伤细胞和组织的生物膜结构，是衰老或疾病的征兆。Fe^{3+} 可以催化产生引起心血管疾病、肠道癌的自由基，游离的 Fe^{3+} 参与氧自由基反应，聚集在炎症或受感染部位的 Fe^{3+} 和 Fe^{2+} 会催化自由基反应（Lunac 和 Estevez，2018），导致机体出现过多的氧自由基。因此，过量的铁在机体内也会引发负面影响。LF 能抑制铁诱导的脂质过氧化过程中硫代巴比妥酸和丙二醛的生成。另外，LF 还具有核糖核酸酶的活性，能降解酵母中的 tRNA，并且还能抑制超氧离子的形成。因此，LF 能够降低人体内自由基对动脉血管壁弹性蛋白的破坏，以达到预防和治疗动脉粥样硬化和冠心病的目的。Gutteridge 等（1981）发现 20% 铁饱和度下的 LF 和转铁蛋白在 pH 值为 7.4 的溶液中能抑制铁催化的牛脑磷脂脂质体的脂质过氧化，但在这两种蛋白质饱和之后就消除了它们的抑制作用。通过测量氢氧化物（共轭二烯）的形成和氢过氧化物（己醛）的分解来评估 LF 作为金属螯合剂的有效性，发现 native-LF 可以在 pH 值为 6.6 和 50°C 下抑制缓冲玉米油乳液和卵磷脂脂质体系中的过氧化氢和六氟烷的生成，起到抗氧化的作用（Huang 等，1999）。在水包油乳液中，native-LF 和 holo-LF 在最初的时候都能起到抗氧化剂的作用，都减少了过氧化物的产生，但是在 48 h 之后，含有 holo-LF 的乳液中产生的过氧化物更多（Volden 等，2012）。holo-LF 的抗氧化活性要低于非饱和的 LF，LF 降低吞噬细胞的羟自由基产生，从而抑制了单核细胞膜的铁催化自动氧化反应（王淑晨等，2019）。LF 的抗氧化机制主要是螯合了易引起氧化的铁离子，其抗氧化剂活性取决于脂质体系、缓冲液、浓度、金属离子的存在和氧化时间。LF 的抗氧化能力会随着其浓度的增加而升高；通常只要有痕量的铁或铜等催化剂存在，就会导致氧自由基的产生，因此可以用 LF 作为螯合剂来减少自由基的生成量，以此来达到抗氧化的作用，体系中金属离子的存在会降低 LF 的抗氧化能力。

不同浓度、不同铁饱和度的 LF 对 DPPH 自由基的抑制能力不同，在铁饱和度相同时，随着 LF 浓度的增加，LF 对 DPPH 自由基的抑制能力逐渐增强；在相同浓度下，随着 LF 铁饱和度的增加，LF 对 DPPH 自由基的抑制率逐渐降低，铁饱和度为 4% 对 DPPH 自由基的抑制率是最高的，且随着 LF 铁饱和度的升高，LF 对羟基自由基的抑制能力降低。不同铁饱和度的 LF 对超氧阴离子自由基均有抑制作用。但饱和度不同，LF 对超氧阴离子的抑制能力不同，随着 LF 饱和度的升高，其对超氧阴离子自由基的抑制率降低（王淑晨，2020）。

3.3.7 对抗炎、抗肿瘤的影响

研究发现，不同铁饱和度 LF 抑制巨噬细胞的促炎反应具有明显差异，其中 apo-LF 的作用最强（Majka 等，2016）。LF 治疗溃疡性结肠炎的效果与铁饱和度有关，apo-LF 能显著缓解溃疡性结肠炎的临床症状，而 holo-LF 效果不显著，apo-LF 通过抑制革兰氏阴性菌的生长，降低肠道中游离 LPS 的量，降低促炎因子表达，最终达到缓解炎症的作用（孙二娜等，2012）。不同铁饱和度的 LF（apo-LF 和 holo-LF）干预脂多糖诱导的幼鼠肠炎模型后，肠炎幼鼠体重降低减缓、疾病活动指数评分降低，促炎因子 IL-1β、IL-6、TNF-α 表达量显著下降，抑炎因子 INF-γ 含量显著上升，通过比较 apo-LF 和 holo-LF 对肠炎幼鼠的影响，结果显示前者对肠道的保护作用优于 holo-LF（Fan 等，2022）。apo-LF 也可通过调节机体铁代谢更好地抑制口腔癌（Chea 等，2018）。另外研究发现，在多种肿瘤模型中，不同铁饱和度 LF 抑制肿瘤的活性不同，其中 apo-LF 活性最强（Roy 等，2016）。通过伤口愈合试验，Cutone 等（2020）发现 LF 能够部分或完全阻碍胶质母细胞瘤的迁移，抑制率取决于其铁饱和率，holo-LF 对细胞迁移具有很强的抑制作用，在较低剂量下，它几乎完全阻止细胞迁移超过 48 h；native-LF 抑制作用存在剂量依赖性，最高剂量的 native-bLF 在 24 h 时就已显著抑制细胞迁移，而较低剂量的 native-LF 在 48 h 后才显著抑制细胞迁移。

3.3.8 不同铁饱和度乳铁蛋白对成骨细胞增殖的影响

三种 LF 均对成骨细胞有增殖活性，但活性并不相同，在未加热条件下，native-LF 和 holo-LF 的促成骨细胞活性都很强，而 apo-LF 则相对较弱，native-LF 加热到 70℃ 时活性下降；holo-LF 加热温度为 80℃ 时活性开始下降；apo-LF 在加热温度为 70℃ 时活性显著下降，但加热温度为

乳铁蛋白

90℃时，活性恢复，这可能与 apo-LF 水解有关（邱维，2012）。Zhang 等（2014）的试验结果表明，在低浓度 LF 作用于成骨细胞时，无论 apo-LF 还是 holo-LF 都会显著促进成骨细胞的增殖。一项分别利用细胞试验和动物试验对不同铁饱和度 LF 促成骨活性的影响进行了验证，发现在细胞试验中，100 μg/mL 以及 1000 μg/mL 浓度下成骨细胞的增殖活性随着铁饱和度的增加而削弱；在动物试验中进行了骨组织形态测定，发现 apo-LF 处理的新骨的形成比 holo-LF 组明显，但是在这一系列的试验中，并没有阐明随着时间的延长，不同铁饱和度的 LF 对成骨活性的影响（Wang 等，2013）。一项旨在探究不同饱和度 LF 对成骨细胞影响的研究结果发现，在促进成骨细胞增殖方面，低浓度剂量组和中剂量组的 native-LF 和 apo-LF 要比 holo-LF 效果好，而且随着培养时间的增长，这种优势逐渐扩大；高浓度剂量组作用后，apo-LF 促进成骨细胞增殖的作用逐渐落后于 native-LF（图 3.12），铁离子有抑制成骨细胞生长的作用（王韫，2015）。

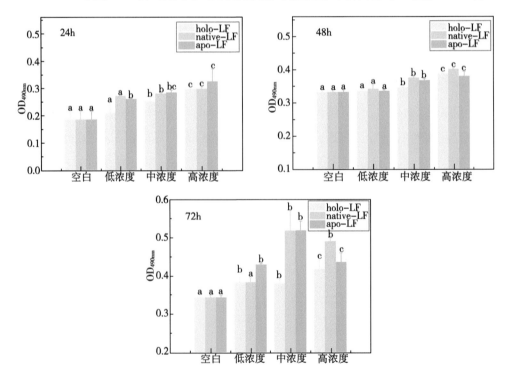

图 3.12　不同剂量浓度（低剂量 20 μg/mL、中剂量 100 μg/mL、高剂量 500 μg/mL）不同时间点（24 h、48 h、72 h）不同铁饱和度乳铁蛋白对成骨细胞增殖的影响（王韫，2015）

4 乳铁蛋白的应用

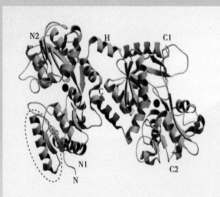

LF 的广泛生物学功能决定了其具有多重应用场景,如应用于婴幼儿配方乳粉、食品保鲜、畜牧生产、临床治疗等方面。

4.1 乳铁蛋白在食品中的应用

目前,市场上含有 LF 的产品丰富多样,包括酸奶、脱脂乳、保健食品和发酵乳制品等众多产品。在 20 世纪末期,日本乳制品公司就开始生产并销售含 LF 的婴幼儿配方乳粉,LF 添加到婴幼儿配方乳粉中的益处很多,包括促进对铁的吸收、改善肠道菌群等作用(表 4.1)。在临床和动物试验中已经证实这些含有 LF 的产品对健康十分有益。日本、韩国等国家和地区流行在发酵乳制品、婴幼儿食品、大豆蛋白制品、肉品中添加 LF,以增强机体的免疫力,预防机体患病毒性感冒、肠道感染等疾病的概率(陈立平等,2019)。

表 4.1 日本 LF 应用示例(Wakabayashi 等,2006)

类别	产品	预期效果
食品	婴幼儿配方乳粉	抗感染、改善口腔胃肠道微生物群、免疫调节、抗炎、抗氧化
	补充片剂	
	酸奶	
	脱脂牛奶	
	饮料	
	宠物食品	
化妆品	乳液、面霜、洗面奶	卫生、保湿、抗氧化
口腔护理产品	漱口水、牙膏、口香糖	卫生、保湿

4.1.1 在婴幼儿配方乳粉中的应用

母乳是婴儿健康生长发育的理想食品。世界卫生组织建议婴儿在出生后的前 6 个月应纯母乳喂养。越来越多的证据强调,母乳喂养可以为婴儿带来短期和长期的益处,包括增强抗体免疫力和胃肠功能、降低坏死性小肠结肠炎的发生率以及改善以后的神经发育和认知能力(Sanchez

等，2021）。当母乳不足或其他因素导致婴儿无法从母乳中摄取足够营养时，婴儿配方乳粉是母乳之外的最优选择，但是母乳与婴儿配方乳粉相比，其含有多种生物活性化合物，具有除提供营养之外的其他作用，例如防止感染、改善器官发育和塑造健康的微生物群（Ong 等，2021）。LF 是母乳中的主要生物活性蛋白，占总蛋白含量的 15%～20%，其主要具有抗炎、抗菌、抗感染的作用。越来越多的研究证明 LF 具有许多对婴儿有益的生物学功能。它对于婴儿的抵抗感染、免疫系统发育、肠道发育、大脑发育、骨骼发育和铁吸收等方面发挥着非常重要的作用（图 4.1），LF 对婴儿的临床有益效果如表 4.2 所示（Li 等，2022），研究结果表明，LF 可以预防婴儿败血症、肠炎、缺铁性贫血和呼吸道感染的发生，对婴儿的健康有促进作用。

乳铁蛋白

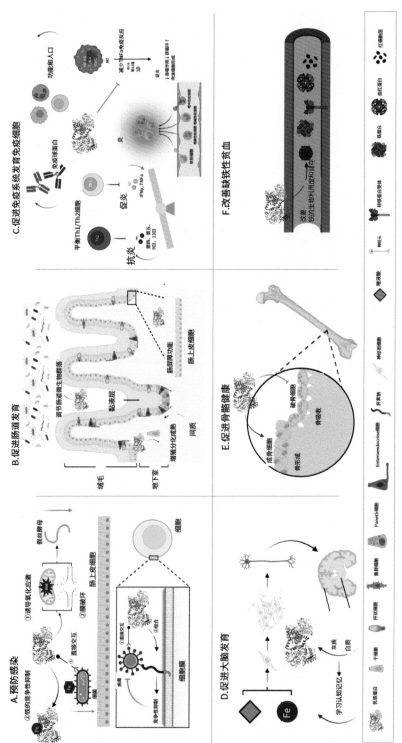

图 4.1 乳铁蛋白对婴儿的生物学功能（Li 等．2020）

表 4.2 乳铁蛋白对婴儿的临床有益作用

功能	志愿者人数	口服 LF 剂量	对照	治疗时间	结果	参考文献
预防感染	472 名超低体重新生儿（<1 500 g）	LF 100 mg/天	5% 葡萄糖溶液	1 个月	补充 LF 可降低败血症发生率	Manzoni 等，2009
	472 名超低体重新生儿（<1 500 g）	LF 100 mg/天	5% 葡萄糖溶液	6 周	与对照组相比真菌感染率降低	Manzoni 等，2012
	50 名超低体重新生儿（<1 500 g）	LF 200 mg/天	生理盐水	住院期间	治疗期间婴儿发生败血症较少，未发生 NEC	Aakin 等，2014
	375 名新生儿（<2 500 g）	LF 200 mg/天	麦芽糖糊精	4 周	LF 组败血症发生率为 12.6%，对照组为 22.1%	Ochoa 等，2015
	743 名超低体重新生儿（<1 500 g）	LF 100 mg/天	5% 葡萄糖溶液	1 个月	LF 组 NEC 发生率为 2% 显著低于对照组 5.4%	Manzoni 等，2014
	79 名 0～4 周龄健康婴儿	LF 强化配方 850 mg/天	商业配方乳粉 LF 102 mg/L	12 个月	LF 强化配方乳粉组下呼吸道疾病的发生率显著减少	King 等，2007
	555 名 12～18 月龄婴儿	牛 LF 500 mg/天	麦芽糖糊精	6 个月	LF 组的腹泻患病率较低（6.6% vs 7.0%），并且中位发作持续时间也较低（4.8 天 vs 5.3 天）	Ochoa 等，2013
	260 名 4～6 月龄婴儿	LF 强化配方 38 mg/100g	无 LF 配方	3 个月	与对照相比，LF 强化配方乳粉组呼吸系统相关疾病和腹泻相关疾病的发生率较低	Chen 等，2016
	108 名 6～9 月龄贫血婴儿	LF 强化配方 38 mg/100g，76 mg/100g	无 LF 配方	3 个月	LF 强化配方乳粉组腹泻和呼吸道感染的发病率较低，76 mg/100g BLF 强化配方乳粉表现出更强的效果	Chen 等，2021

续表

功能	志愿者人数	口服 LF 剂量	对照	治疗时间	结果	参考文献
促进免疫系统发育	50 名超低体重新生儿（<1 500 g）	LF 200 mg/天	生理盐水	住院期间	早产儿的 T 调节细胞水平显著低于足月儿，LF 治疗可以增加 T 调节细胞水平	Akin 等，2014
促进肠道发育	59 名早产儿	LF 200 mg/天＋益生菌	益生菌	1 个月	与对照组相比，接受 LF 补充剂的婴儿总体上微生物群物种丰富度更高，而 LF 对微生物群发育的影响最小	Grzywacz 等，2020
	202 名健康足月儿	LF（1 g/L）＋动物双歧杆菌 [(3.7±2.1)×10⁴ CFU/g]	婴幼儿配方乳粉	8 周	补充 LF 和益生菌可以增加 4 周龄婴儿粪便中的肠道成熟标志物量。LF 组 1 周龄时双歧杆菌水平较高，但 4 周龄时与对照组相比无显著差异	Castanet 等，2020
	62 名健康足月儿	婴幼儿配方乳粉含 LF（0.6 g/L）＋牛乳脂肪球膜（MFGM）	牛奶为基础的婴幼儿配方乳粉	12 个月	4 个月时，LF+MFGM 组中的均匀拟杆菌和普通拟杆菌更加丰富	Chichlowski，等，2021
促进大脑和神经系统发育	健康足月儿（10～14 天）	婴幼儿配方乳粉含 LF（0.6 g/L）＋牛乳脂肪球膜（MFGM）	牛奶为基础的婴幼儿配方乳粉	6 个月	LF 和 MFGM 在第 365 天加速了神经发育，在第 545 天改善了语言亚类的神经发育，并降低了呼吸道相关不良事件和腹泻的发生率	Li，等，2019
	414 名新生儿（500～2 000 g）	LF 200 mg/(kg·天)	无处理	8 周	低出生体重儿补充 LF 对神经发育、败血症发生率或生长结果没有显著影响	Ochoa，等，2020

续表

功能	志愿者人数	口服 LF 剂量	对照	治疗时间	结果	参考文献
改善缺铁性贫血	79 名健康婴儿（0～4 周）	LF 强化配方 850 mg/L	商业配方乳粉 LF 102 mg/L	12 个月	LF 强化配方乳粉的婴儿中，红细胞压积水平显著较高	King，等，2007
	260 名健康婴儿（4～6 周）	强化配方乳粉（LF 38 mg/100g 和铁 4 mg/100g）	配方乳粉（铁 4 mg/100 g）	3 个月	LF 强化组的总铁含量、血红蛋白、血清铁蛋白和血清转铁蛋白受体水平较高，贫血和缺铁的发生率较低	Chen，等，2015
	108 名贫血婴儿（6～9 个月）	LF 强化配方（LF 38 mg/100g，LF 76 mg/100g）	无 LF 配方	3 个月	LF 76 mg/100g 强化组婴儿血红蛋白水平高于 LF 38 mg/100g 强化组和对照组	Chen，等，2020
	120 名缺铁性贫血儿童	100 mg LF 加 30 mg 铁	聚麦芽糖铁复合物（6 mg/(kg·d)）	1 个月	LF 组改善程度显著高于对照组	El-Hawy 等，2021
	180 名健康足月婴儿（6±2 周）	低铁配方，含强化 LF	低铁配方（1.0 g/L）	截至 6 月龄	添加 LF 并不影响铁的状态	Björmsjö 等，2020

注：LF：乳铁蛋白；NEC：坏死性小肠结肠炎。

乳铁蛋白

在许多发达国家 LF 早就引起了众多专家的关注，而且，在 20 世纪末美国食品药品监督管理局（FDA）便允许 LF 作为食品添加剂用于运动食品、功能性食品，在日本、韩国也允许 LF 作为食品添加剂用于食品。目前这种营养物质在国内外已经广泛应用于乳制品中，如酸奶、婴幼儿配方乳粉等，尤其是婴幼儿配方乳粉中使用得较多。在我国，卫生部在国家标准《食品安全国家标准 食品营养强化剂使用标准》（GB 14880—2012）中批准允许在婴儿配方乳粉中添加 LF，添加量允许范围为 ≤1 g/kg。目前国内大多数乳品企业均在婴幼儿配方乳粉中添加了 LF，表 4.3 列举了常见的市售国产、进口婴幼儿配方乳粉 LF 的添加量（张棚等，2021）。

表 4.3 国内市售幼儿配方乳粉 LF 添加量

使用范围	产品名称	LF 含量（g/kg）	生产国家/企业
幼儿配方乳粉（12～36 月）	金领冠睿护	0.50	中国/伊利
婴儿配方乳粉（0～6 月）	星飞帆卓睿	0.45	中国/飞鹤
较大婴幼儿配方乳粉（6～12 月）	菁珀	0.353	中国/雅士利
幼儿配方乳粉（12～36 月）	元乳	0.36	中国/完达山
儿童配方乳粉（3～6 岁）	菁爱	0.33	中国/贝因美
较大婴幼儿配方乳粉（6～12 月）	乐臻	0.30	中国/君乐宝
幼儿配方羊乳粉（12～36 月）	欢恩宝	0.90	中国/欢恩宝
婴幼儿配方乳粉（12～36 月）	蓝臻	3.30	荷兰/美赞臣
幼儿配方乳粉（12～36 月）	幼儿配方乳粉	0.50	新西兰/诗幼乐
幼儿配方乳粉（12～36 月）	麦蔻乐享	0.30	丹麦/麦蔻乐享
幼儿配方羊乳粉（12～36 月）	Bioshine	1.00	新西兰/倍恩喜
幼儿配方乳粉（12～36 月）	Platinum 新西兰白金	0.30	新西兰/至初
幼儿配方乳粉（12～36 月）	纽奶乐	0.50	新西兰/纽奶乐
较大婴儿配方乳粉（6～12 月）	礼悦	0.50	韩国/喜安智
较大婴儿配方乳粉（6～12 月）	莱那珂	0.50	波兰/莱那珂
幼儿配方乳粉（12～36 月）	优博	1.00	法国/优博剖蓓舒

4.1.2 乳铁蛋白婴幼儿配方乳粉的制备

目前市场中婴幼儿配方乳粉逐步向"母乳化"接近，这就要求配方乳粉中不仅各理化指标接近母乳水平，更要求功能性接近母乳水平，因此具有特殊营养活性的LF会长期应用于婴幼儿配方乳粉中。婴幼儿配方乳粉的生产工艺可以分为湿法混合法和干法混合法。由于干法混合法的生物安全性较低，所以，湿法混合法更普遍和广泛地用于制造婴幼儿配方乳粉。近年来，随着热处理对LF影响的研究越来越多，优选采用湿法混合获得基粉，然后使用干法混合添加热敏成分的组合工艺，以避免热处理对热敏蛋白的不利影响（Masum等，2021）。婴幼儿配方乳粉的制造过程如图4.2所示（Li等，2022）。在湿法混合过程中，LF及其他成分的湿混合物在加热之前均质化以确保微生物安全，随后在喷雾干燥之前通过蒸发浓缩以生产成品粉末。在干混过程中，所有成分（包括LF）均呈粉末形式，并进行干混以制造婴幼儿配方乳粉。

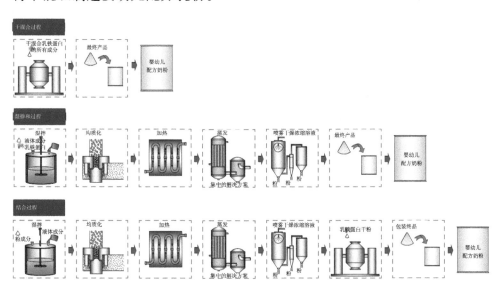

图4.2 婴幼儿配方乳粉加工步骤示意图

4.1.3 在食品储藏中的应用

LF具有抑菌作用，且LF对人体无任何不良作用，所以在食品保鲜中可作为天然抑菌剂、保鲜剂。刘琨毅等（2020）利用 LF 协同溶菌酶制成天然复合涂膜保鲜剂，处理后牦牛肉菌落总数减少，延长了冷却牦牛肉的货架期，且不影响感官品质。付丽（2006）利用 LF 作生物保鲜剂，探讨了 LF 最小抑菌浓度及其与其他保鲜剂对猪肉的保鲜效果，其研究表明 LF 浓度在 3 mg/mL 时可延长冷却猪肉的货架期，维持肉色的稳定，在食品保藏应用上有良好的开发前景。刘金昉（2014）以 LF 作复合保鲜剂原材料，结合蜂胶醇提液等对南美白对虾在贮藏过程中的品质变化进行探讨，经复合保鲜剂处理后，南美白对虾在贮藏过程中货架期延长 1.8 倍。因此，LF 作为生物保鲜剂可以抑制微生物生长，延长肉类货架期（张棚等，2021）。

4.1.4　在食品添加剂中的应用

随着转基因技术的快速发展，可以通过牛、山羊和水稻生产 LF（Wakabayashi 等，2006），在日本，LF 几十年来一直被用作商业食品中的健康促进添加剂；在欧洲，也被欧洲食品安全局批准作为食品中许可添加的成分；在我国，也已作为食品添加剂生产，并经中国食品药品监督管理局认证。

4.2　乳铁蛋白在畜牧业中的应用

4.2.1　在动物饲料中的应用

LF 作为营养强化剂添加到动物饲料中，可以增加饲料的营养成分，提高动物免疫能力，在饲料高温加工过程中能很好地维持其生理功能，且无毒无副作用，因此能够作为绿色饲料添加剂应用于动物的饲养。LF 添加到母猪的饲料中，母猪可以获得大量的内源性 LF，可减少仔猪发生缺铁性贫血的概率，提高仔猪的免疫力，促进仔猪的生长。在仔猪的日粮中加入 LF，能够改善仔猪肠道微生物菌群、防止肠道腹泻、增强仔猪肠道对营养物质的吸收能力（Wakabayashi 等，2006）。LF 是铁吸收和氧化应激的重要调节因子，口服 LF 和铁剂联合注射是一种通过上调 LFR 基因表达、增强仔猪抗氧化能力和调节细胞因子活性来提高铁水平的有效方法

（Hu 等，2019）。添加 LF 的饲料可以防止饲料被氧化分解，同时增加饲料的营养成分。

4.2.2 在水产养殖中的应用

目前，集约化的水产养殖模式导致鱼类生存环境恶化，使其免疫力下降和对传染性病原体的易感性增加，对鱼类健康产生不利影响。因此，抗生素添加剂饲料长期在水产养殖中使用，但是随着 2020 年"饲料禁抗令"的颁布，水产养殖面临着巨大的困难。近期研究发现，在水产养殖中，LF 具有多种有益作用，研究表明，LF 可用于鱼类饲料中，以增强鱼类对由多种细菌菌株引起的多种细菌性疾病的抵抗力，如在亚洲鲶鱼饲料中添加 LF（100 mg/kg）后，其血清溶菌酶和对抗嗜水气单胞菌的氧化自由基的生成都有所增加（Luna–Castro 等，2022）。此外，LF 还可以提高金鱼（鲫鱼）和日本比目鱼等不同鱼类的生长指数和应激耐受性，以及增强鱼类的免疫力（Abdelnour 等，2022）。因此在水产养殖中，利用 LF 替代抗生素确保无抗养殖相当重要。

4.2.3 在家畜疫病防控中的应用

LF 的抗微生物活性对引起家畜疾病的各类致病菌，如金黄色葡萄球菌、大肠杆菌等均有抑制功能，并能增强动物免疫能力（张棚等，2021），因此，LF 在家畜疾病的治疗与预防中应用也很广泛。犊牛腹泻是导致未断奶犊牛死亡最常见的原因，LF 可降低断奶后腹泻犊牛的死亡率。Habing 等（2017）探讨 LF 对首次诊断为腹泻的断奶犊牛的影响，研究发现，连续 3 天口服 LF 的犊牛，其死亡率降低 50%；其体重与屠宰率提高、减少了疾病持续的时间。LF 可成为改善治疗结果和减少抗菌剂使用的重要工具。

4.3 乳铁蛋白在医疗中的应用

4.3.1 在口腔医疗中的应用

口腔是一个非均匀的、特殊的环境。LF 以其抑菌、杀菌、抗炎等活性，在口干症、口臭、牙槽骨或上颌骨损伤、牙龈炎、牙周炎和黑斑等不同的口腔病理中都有治疗作用（张棚等，2021）。与抗生素疗法不同，LF局部给药已被证明在治疗上述所有口腔病理疾病方面都有效，没有任何不良影响（Rosa等，2021）。Morita等（2017）随机试验证明，长期含服LF片剂对老人舌苔和齿龈上菌斑中的牙周细菌有一定的抑菌作用，可减少口腔疾病的发生率，改善老年人的口腔卫生。

4.3.2 在临床治疗中的应用

LF及其抗菌肽具有抗菌、抗病毒和免疫调节作用，对许多病原微生物引起的感染都有很好的预防和治疗作用，LF不但能抑制微生物与宿主的结合，还能与多种抗生素协同治疗，在临床上可减少药物用量，降低抗生素或真菌抑制剂对人肝、肾功能的损害（张棚等，2021）。

4.4 乳铁蛋白在化妆品中的应用

LF具有广泛的抗菌、抗炎、促进胶原蛋白的形成以及抑制黑色素形成的功能，使其在化妆品领域有着不错的应用前景。化妆品开发和应用的首要前提是组成物质对人体皮肤无刺激性作用，前人研究结果表明，LF对局部皮肤和眼睛无刺激性且无光毒性，因此，LF可以作为化妆品的新原料（李谋等，2017）。

4.4.1 在美白化妆品中的应用

美白化妆品在我国有着广泛的应用市场，深受消费者青睐。美白化妆品研制中首要克服的制约因素是原料的稳定性，稳定性直接影响产品工艺参数的调整，影响生产效率。前人的研究中发现LF在弱酸性条件下具有良好的热稳定性，这为美白产品的开发提供了前提条件（Saito等，1994）。曾有研究表明LF与虾青素联合使用具有良好的美白效果。Nanase等（2017）通过3D皮肤模型对LF降低黑色素机理进行了研究，研究表明LF可以最高减少20%的黑色素形成。在机理方面，他们指出LF可以显著降低小眼转录因子（MITF）mRNA水平，抑制酪氨酸酶活性，而酪氨酸酶又是黑色素形成的限速酶，可减少体内黑色素的形成，实现美白效果；此外 LF 可以增强细胞外信号调节激酶（ERK）磷酸化水平，也是具有美白功能的重要原因之一。邢婷婷等（2020）在研究 LF 降低黑色素的同时研究了其最大安全用量为 1g/L。同时，研究发现 LF 具有良好的透皮性，可经皮肤吸收。LF 的这些功能均表明其可用于美白化妆品研发。

4.4.2 在痤疮治疗中的应用

LF 在治疗皮肤痤疮方面也有显著疗效。Kim 等（2010）对 36 名受试者进行研究，受试者饮用含 LF 200 mg/日的发酵乳制品，发现 LF 组与对照组相比可显著降低痤疮的等级，痤疮体积显著变小。Mueller 等（2011）研究表明，39 名受试者每次服用含 LF 100 mg 的咀嚼片，每日 2 次，8 周后痤疮程度显著降低。宋薇等（2016）的专利报道 LF 制成的化妆品可预防和祛除痤疮。结合 LF 良好的透皮性可望开发出具有治疗皮肤痤疮的功能性化妆品。

4.5 结语

LF 的抑菌、抗炎、抗病毒、免疫调节、促骨生长等生物活性得到了科学的证实，且 LF 为天然无毒无害产物，被广泛应用在食品、化工、医药、畜牧养殖等领域。随着科学进步与社会需求量增加，开发 LF 功能性产品迫在眉睫，可结合基因工程技术改造 LF，提高其抗炎、抑菌、抗病毒等能力，将其应用在生活中的各个方面。

参考文献

包晓宇,陈美霞,王加启,等,2017.牛奶中活性蛋白检测方法研究进展[J].食品工业,38(12):273-277.

曹杰,2014.利用电化学技术研究乳铁蛋白的杀菌机理及其检测新方法的构建[D].上海:上海大学.

陈车生,袁勤生,2008.乳铁蛋白的研究进展[J].食品与药品,10(1):62-66.

陈立平,赵平,任广旭,等,2019.乳铁蛋白的研究现状与进展[J].农产品加工(8):68-70.

邸维,2012.热处理对乳铁蛋白理化特性及促成骨细胞增殖活性的影响[D].烟台:烟台大学.

丰东升,马颖清,陈柔含,等,2011.乳铁蛋白双抗体夹心ELISA检测方法的建立[J].食品工业,43(11):295-299.

付丽,2006.乳铁蛋白的抑菌作用及其对冷却肉保鲜和护色效果的研究[D].哈尔滨:东北农业大学.

高珊,周文佳,孟庆凤,等,2023.乳蛋白对肠道菌群影响的研究进展[J].中国乳品工业,51(6):45-49.

龚广予,巫庆华,吴正钧,等,2000.乳铁蛋白的检测方法——随机免疫扩散法[J].上海奶牛(3):19-21.

顾媛,程利花,姜金斗,等,2011.毛细管电泳法检测婴幼儿乳粉中乳铁蛋白的质量分数[J].中国乳品工业,39(5):54-56.

李梦瑶,2020.番茄品质劣变因子检测提取技术的研究及应用[D].乌鲁木齐:新疆大学.

李季青,刘一鸣,祝颂松,等,2016.乳铁蛋白对骨质疏松症大鼠创伤性骨关节炎的疗效[J].口腔医学研究32(6):564-569.

李珊珊,王加启,魏宏阳,等,2008.乳及乳制品中乳铁蛋白定量测定方法的建立——SDS-PAGE法[C].中国奶业协会2008年年会.

李谋,杨小琳,赵金礼,2017.乳铁蛋白在化妆品中的应用[J].山东化工,46(23):61-63.

李美君,方成堃,张凯,等,2012.饲粮中添加乳铁蛋白对早期断奶仔猪生长性能、肠道菌群及肠黏膜形态的影响.动物营养学报,24(1):111-116.

梁政洋,黄丽,李玲,等,2019.水牛乳中蛋白质基于RP-HPLC指纹图谱的建立及在乳源分析中的应用[J].食品科技,44(8):329-334.

廖菁菁,谢志榕,李雅玫,等,2022.高效液相色谱法测定婴幼儿配方乳粉中乳铁蛋白[J].中国口岸科学技术,4(3):90-96.

参考文献

刘楚新,2011. 转基因牛奶中人乳铁蛋白准确、快速检测方法的建立 [D]. 武汉:华中农业大学.

刘佳惠,2023. 婴幼儿配方乳粉中乳铁蛋白新型快速检测方法的研究与应用 [D]. 邯郸:河北工程大学.

刘金昉,2014. 南美白对虾保鲜、剥壳预处理影响因素的研究 [D]. 保定:河北农业大学.

刘学谦,2021. 基于功能材料的电化学生物传感器的构筑与应用 [D]. 青岛:青岛科技大学.

刘宇,陈伟,史玉东,等,2016. 高效毛细管电泳法快速测定乳铁蛋白原料的纯度 [J]. 中国乳品工业,44(2):43-46.

刘琨毅,王琪,吉莉莉,等,2020. 溶菌酶和乳铁蛋白在冷却牦牛肉涂膜保鲜中的应用 [J]. 食品工业,41(1):100-105.

卢蓉蓉,许时婴,王璋,等,2002. 乳铁蛋白测定方法的比较 [J]. 中国乳品工业,30(5):123-125.

路梦凡,孙娜娜,李香云,等,2023. 不同来源乳中乳铁蛋白含量的高通量毛细管凝胶电泳检测 [J]. 中国乳品工业,51(2):54-57.

宋薇,刘红,王春芳,等,2016-03-30. 一种含牛乳铁蛋白的化妆品 [P]. CN103735424B.

孙娜娜,刘金虎,杨孟迪,等,2021. 乳及乳制品中乳铁蛋白的全自动高通量毛细管凝胶电泳检测方法研究 [J]. 中国乳品工业,49(9):52-56.

唐传核,曹劲松,彭志英,2000. 乳铁蛋白最新研究进展——活性多肽以及生理功能(Ⅱ) [J]. 中国乳品工业,28(3):44-47.

汪以真,2004. 猪乳铁蛋白基因克隆、表达及其产物对断奶仔猪生长、免疫和抗菌肽基因表达影响的研究 [D]. 浙江大学.

王燕,2007. PMAP、Prophenin 等猪抗菌肽基因表达的差异及乳铁蛋白对其表达的影响 [D]. 杭州:浙江大学.

王淑晨,于景华,刘晓辉,等,2019. 乳铁蛋白铁饱和度对其耐热性、抑菌作用及抗氧化性的影响 [J]. 中国乳品工业,47(10):29-33.

王淑晨,2020. 乳铁蛋白铁饱和度对其功能特性影响的研究 [D]. 天津:天津科技大学.

王韫,2015. 乳铁蛋白分子组成对其促成骨细胞增殖的影响研究 [D]. 哈尔滨:哈尔滨工业大学.

王振杰,张康,梁莉,等,2022. 铁饱和度对乳铁蛋白抑菌活性的影响 [J]. 浙江大学学报(农业与生命科学版),48(3):377-382.

王起山,赵军英,魏鑫越,等,2023. 乳制品对骨质疏松症的预防和干预作用研究进展 [J]. 食品科学,44(9):245-258.

吴洪亚,2023. 乳铁蛋白缓解黄曲霉毒素 M_1 诱导的肠道物理屏障损伤的机制研究 [D]. 北京:中国农业科学院.

邢婷婷,王全宇,施雁勤,等,2020. 乳铁蛋白抗炎及美白功效的体外试验研究 [J]. 香料香精化妆品(1):24-28.

徐大江,马占峰,赵丽娟,等,2023. 乳制品中糠氨酸和乳铁蛋白常用检测方法综述 [J]. 中国乳业(1):52-57.

许宁,2005. 高效毛细管电泳法测定牛乳铁蛋白的含量 [J]. 中国医院药学杂志,25(4):296-297.

张棚,张海霞,田晓静,等,2021. 乳铁蛋白生物活性及应用进展 [J]. 食品工业科技,42(13):404-411.

张英华,迟玉杰,董平,等,1999. 酶联免疫法测定牛初乳中乳铁蛋白含量 [J]. 中国乳品工业(6):19-20,31.

赵方舟，2020. 早期乳铁蛋白干预对哺乳仔猪后肠微生物组成和肠道功能的影响 [D]. 南京：南京农业大学.

赵丽萍，杨歌，张小敏，等，2020. 蛋白质的核酸适配体筛选及应用的研究进展 [J]. 分析化学（5）: 560-572.

赵凌国，尤俊，梁肇海，等，2014. 阳离子交换色谱及动态涂层 毛细管电泳法检测牛奶中乳铁蛋白含量 [J]. 分析测试学 报，33（3）: 339-343.

郑云鹏，赵红杰，郭靖宇，等，2019. 酶联免疫法检测乳粉样本中的乳铁蛋白及其均匀度的探索 [J]. 中国乳品工业，47（6）: 41-44.

ABD EL-FATTAH A M, ABD RABO F H R, EL-DIEB S M, et al., 2014. Preservation methods of buffalo and bovine colostrum as a source of bioactive components[J]. International Dairy Journal, 39(1): 24-27.

ABD EL-HACK M E, ABDELNOUR S A, KAMAL M, et al., 2023. Lactoferrin: Antimicrobial impacts, genomic guardian, therapeutic uses and clinical significance for humans and animals[J]. Biomed Pharmacother, 164: 114967.

ABDELNOUR S A, GHAZANFAR S, ABDEL-HAMID M, et al., 2023. Therapeutic uses and applications of bovine lactoferrin in aquatic animal medicine: an overview [J]. Vet Res Commun. 47:1015-1029.

ABU-SERIE M M, E M EL-FAKHARANY, 2017. Efficiency of novel nanocombinations of bovine milk proteins (lactoperoxidase and lactoferrin) for combating different human cancer cell lines[J]. SCI REP-UK 7(1):16769.

AKIN I M, ATASAY B, DOGU F, et al., 2014. Oral lactoferrin to prevent nosocomial sepsis and necrotizing enterocolitis of premature neonates and effect on T-regulatory cells [J]. American Journal of Perinatology, 31(12): 1111-1119.

ALBAR A H, ALMEHDAR H A, UVERSKY V N, et al., 2014. Structural heterogeneity and multifunctionality of lactoferrin[J]. Current Protein and Peptide Science, 15(8): 778-797.

ALHALWANI A Y, REPINE J E, KNOWLES M K, et al., 2018. Development of a sandwich ELISA with potential for selective quantification of human lactoferrin protein nitrated through disease or environmental exposure[J]. Analytical and Bioanalytical Chemistry, 410: 1389-1396.

ALKAISY Q H, AL - SAADI J S, AL - RIKABI A K J, et al., 2023. Exploring the health benefits and functional properties of goat milk proteins[J]. Food Science & Nutrition, 11(10): 5641-5656.

ALY E, LOPEZ-NICOLAS R, DARWISH A A, 2019. *In vitro* effectiveness of recombinant human lactoferrin and its hydrolysate in alleviating LPS-induced inflammatory response[J]. Food Res Int, 118: 101-107.

AN J, XU Y, KONG Z, 2019. Effect of lactoferrin and its digests on differentiation activities of bone mesenchymal stem cells[J]. J Funct Foods，57:202-210.

ANDERSON B F, BAKER H M, NORRIS G E, et al., 1989. Structure of human lactoferrin: crystallographic structure analysis and refinement at 2.8 Å resolution[J]. Journal of molecular biology, 209(4): 711-734.

ANDERSON R C, BASSETT S A, HAGGARTY N W, 2017. Short communication: Early-lactation, but not mid-lactation, bovine lactoferrin preparation increases epithelial barrier integrity of Caco-2 cell layers[J]. J Dairy Sci, 100(2): 886-891.

ARNOLD R R, BREWER M, GAUTHIER J J, 1980. Bactericidal activity of human lactoferrin: sensitivity of a

参考文献

variety of microorganisms[J]. Infection and Immunity, 28(3):893-898.

ARNOLD R R, RUSSELL J E, CHAMPION W J, 1982. Bactericidal activity of human lactoferrin: differentiation from the stasis of iron deprivation[J]. Infection and Immunity, 1982, 35(3): 792-799.

ASFOUR H A E, YASSIN M H, GOMAA A M, 2010. Antibacterial activity of bovine milk lactoferrin against some mastitis causative pathogens with special regards to Mycoplasmas[J]. International Journal of Microbiological Research, 1(3): 97-105.

ASHRAF M F, ZUBAIR D, BASHIR M N, et al., 2023. Nutraceutical and health-promoting potential of lactoferrin, an iron-binding protein in human and animal: current knowledge[J]. Biological Trace Element Research, 14: 1-17.

ASZTALOS E V, BARRINGTON K, LODHA A, 2020. Lactoferrin infant feeding trial_Canada (LIFT_Canada): protocol for a randomized trial of adding lactoferrin to feeds of very-low-birth-weight preterm infants[J]. BMC Pediatr, 20(1):40.

ATEF Y M, VERDONCK F, Van Den BROECK W, 2010. Lactoferrin inhibits *E. coli* O157:H7 growth and attachment to intestinal epithelial cells[J]. Veterinární medicína, 55(8): 359-368.

BAKER E N, ANDERSON B F, BAKER H M, et al., 1990. Metal and anion binding sites in lactoferrin and related proteins[J]. Pure and Applied Chemistry, 62(6): 1067-1070.

BAKER E N, BAKER H M, 2005. Molecular structure, binding properties and dynamics of lactoferrin[J]. Cellular and Molecular Life Sciences, 62(22): 2531-2539.

BAKER E N, BAKER H M, 2009. A structural framework for understanding the multifunctional character of lactoferrin[J]. Biochimie, 91(1): 3-10.

BAKER H M, BAKER C J, SMITH C A, et al., 2000. Metal substitution in transferrins: specific binding of cerium(IV) revealed by the crystal structure of cerium-substituted human lactoferrin[J]. Journal of Biological Inorganic Chemistry, 5(6): 692-698.

BAKER H M, BAKER E N, 2004. Lactoferrin and iron: structural and dynamic aspects of binding and release[J]. Biometals, 17(3):209-216.

BALOS M Z, PELIC D L, JAKSIC S, et al., 2023. Donkey milk: an overview of its chemical composition and main nutritional properties or human health benefit properties[J]. Journal of Equine Veterinary Science, 121: 104225.

BEZAULT J R, BHIMANI J, WIPROVNICK, 1994. Human lactoferrin inhibits growth of solid tumors and development of experimental metastases in mice. Cancer Res, 54(9):2310-2312.

BJORMSJO M, HERNELL O, LONNERDAL B, et al, 2020. Reducing iron content in infant formula from 8 to 2 mg/L does not increase the risk of iron deficiency at 4 or 6 months of age: a randomized controlled trial [J]. Nutrients, 13(1): 3.

BLAIS A, FAN C, VOISIN T, 2014. Effects of lactoferrin on intestinal epithelial cell growth and differentiation: an *in vivo* and *in vitro* study[J]. Biometals, 27(5): 857-874.

BO W, TIMILSENA Y P, BLANCH E, 2017. Mild thermal treatment and *in-vitro* digestion of three forms of bovine lactoferrin: Effects on functional properties[J]. International Dairy Journal, 64: 22–30.

BOKKHIM H, BANSAL N, GRØNDAHL L, 2013. Physico-chemical properties of different forms of bovine lactoferrin[J]. Food Chem, 141(3):3007–3013.

BONOMI F, IAMETTI S, PAGLIARINI E, et al., 1994. Thermal sensitivity of mares' milk proteins[J]. Journal of Dairy Research, 61(3): 419–422.

BRISSON G, BRITTEN M, POULIOT Y, 2007. Heat-induced aggrega- tion of bovine lactoferrin at neutral pH: Effect of iron saturation[J]. International Dairy Journal, 17(6): 617–624.

BROCK J H, 1980. Lactoferrin in human milk: its role in iron absorption and protection against enteric infection in the newborn infant[J]. Arch Dis Child, 55(6):417–421.

BUCHERT M, TURKSEN K, HOLLANDE F, 2012. Methods to examine tight junction physiology in cancer stem cells: TEER, paracellular permeability, and dilution potential measurements[J]. Stem Cell Rev Rep, 8(3): 1030–1034.

BULLEN J J, ROGERS H J, LEIGH L, 1972. Iron-binding proteins in milk and resistance to *Escherichia coli* infection in infants[J]. Br Med J, 1(5792): 69–75.

CAMPANELLA L, MARTINI E, TOMASSETTI M, et al., 2008. New immunosensor for Lactoferrin determination in human milk and several pharmaceutical dairy milk products recommended for the unweaned diet[J]. Journal of Pharmaceutical & Biomedical Analysis, 48(2): 278–287.

CANDELA M, BIAGI E, MACCAFERRI S, 2012. Intestinal microbiota is a plastic factor responding to environmental changes[J]. Trends Microbiol, 20(8): 385–391.

CAO X, REN Y, LU Q Y, et al., 2022. Lactoferrin: A glycoprotein that plays an active role in human health[J]. Frontiers in Nutrition, 9: 1018336.

CARMONA F, MU OZ-ROBLES V, CUESTA R, 2014. Monitoring lactoferrin iron levels by fluorescence resonance energy transfer: a combined chemical and computational study[J]. JBIC Journal of Biological Inorganic Chemistry, 19(3): 439–447.

CASTANET M, COSTALOS C, HAIDEN N, et al., 2020. Early effect of supplemented infant Formulae on intestinal biomarkers and microbiota: a Randomized clinical trial [J]. Nutrients, 12(5): 1481.

CESEWSKI E, JOHNSON B N, 2020.Electrochemical biosensors for pathogen detection[J]. Biosensors and Bioelectronics,159: 112214.

CHEA C, MIYAUCHI M, INUBUSHI T, 2018. Molecular mechanism of inhibitory effects of bovine lactoferrin on the growth of oral squamous cell carcinoma[J]. Plos One, 13(1): e191683.

CHEN K, CHAI L, LI H, et al., 2016. Effect of bovine lactoferrin from iron-fortified formulas on diarrhea and respiratory tract infections of weaned infants in a randomized controlled trial [J]. Nutrition, 32(2): 222–227.

CHEN K, JIN S, CHEN H, et al., 2021. Dose effect of bovine lactoferrin fortification on diarrhea and respiratory tract infections in weaned infants with anemia: A randomized, controlled trial [J]. Nutrition, 90: 111288.

CHEN K, ZHANG G, CHEN H, et al., 2020. Dose effect of bovine lactoferrin fortification on iron metabolism of anemic infants [J]. Journal of Nutritional Science and Vitaminology, 66(1): 24–31.

CHEN M X, WEN F, ZHANG Y D, et al., 2019. Determination of native lactoferrin in milk by HPLC on HiTrapTM Heparin HP column[J]. Food Analytical Methods, 12(11): 2518–2526.

CHEN P W, CHEN W C, MAO F C, 2004. Increase of lactoferrin concentration in mastitic goat milk[J]. Journal of Veterinary Medical Science, 66(4): 345–350.

CHEN P W, JHENG T T, SHYU C L, 2013b. Synergistic antibacterial efficacies of the combination of bovine lactoferrin or its hydrolysate with probiotic secretion in curbing the growth of meticillin–resistant staphylococcus aureus[J]. J Med Microbiol, 62(12):1845–1851.

CHEN P W, JHENG T T, SHYU C L, 2013a. Antimicrobial potential for the combination of bovine lactoferrin or its hydrolysate with lactoferrin–resistant probiotics against foodborne pathogens[J]. J Dairy Sci, 96(3):1438–1446.

CHEN P W, LIU Z S, KUO T C, 2017. Prebiotic effects of bovine lactoferrin on specific probiotic bacteria[J]. Biometals, 2:237–248.

CHEN Y, QU S, HUANG Z, et al., 2021. Analysis and comparison of key proteins in Maiwa yak and bovine milk using high–performance liquid chromatography mass spectrometry[J]. Journal of Dairy Science, 104(8): 8661–8672.

CHEN Z, LI H, JIA W C, et al.,2017. Bivalent aptasensor based on silver–enhanced fluorescence polarization for rapid detection of lactoferrin in milk[J]. Analytical Chemistry, 89: 5900–5908.

CHENG J B, WANG J Q, BU D P, et al., 2008. Factors affecting the lactoferrin concentration in bovine milk[J]. Journal of Dairy Science, 91(3): 970–976.

CHICHLOWSKI M, BOKULICH N, HARRIS C L, et al., 2021. Effect of bovine milk fat globule membrane and lactoferrin in infant Formula on gut microbiome and metabolome at 4 months of age [J]. Current Developments in Nutrition, 5(5):nzab027.

CLAEYS W L, VERRAES C, CARDOEN S, et al., 2014. Consumption of raw or heated milk from different species: An evaluation of the nutritional and potential health benefits[J]. Food Control, 42: 188–201.

CRAVEN H M, PSWIERGON S N, MIDGELY J, 2008. Evaluation of pulsed electric field and minimal heat treatments forinactivation of pseudomonads and enhancement of milk shelf–life[J]. Innovative Food Science and Emerging Technologies, 9: 211–216.

CUTONE A G, IANIRO M S, LEPANTO L, 2020. Lactoferrin in the prevention and treatment of intestinal inflammatory pathologies associated with colorectal cancer development[J]. Cancers, 12(12). 3806.

CUTONE A, COLELLA B, PAGLIARO A, 2020. Native and iron–saturated bovine lactoferrin differently hinder migration in a model of human glioblastoma by reverting epithelial–to–mesenchymal transition–like process and inhibiting interleukin–6/STAT3 axis[J]. Cell Signal, 65:109461.

DOKLADNY K, ZUHL M N, MOSELEY P L, 2016. Intestinal epithelial barrier function and tight junction proteins with heat and exercise[J]. J Appl Physiol, 120(6): 692-701.

ELBARBARY H A, EJIMA A, SATO K, 2019. Generation of antibacterial peptides from crude cheese whey using pepsin and rennet enzymes at various pH conditions[J]. J Sci Food Agric, 99(2): 555-563.

EL-FAKHARANY E M, 2020. Nanoformulation of lactoferrin potentiates its activity and enhances novel biotechnological applications[J]. International Journal of Biological Macromolecules, 165: 970-984.

EL-HATMI H, GIRARDET J-M, GAILLARD J-L, et al., 2007. Characterisation of whey proteins of camel (Camelus dromedarius) milk and colostrum[J]. Small Ruminant Research, 70(2-3): 267-271.

EL-HAWY M A, ABD AL-SALAM S A, BAHBAH W A, 2021. Comparing oral iron bisglycinate chelate, lactoferrin, lactoferrin with iron and iron polymaltose complex in the treatment of children with iron deficiency anemia [J]. Clinical Nutrition Espen, 46: 367-371.

EMBLETON N J, BERRINGTON S, CUMMINGS, 2021. Lactoferrin impact on gut microbiota in preterm infants with late-onset sepsis or necrotising enterocolitis: the MAGPIE mechanisms of action study. Efficacy and Mechanism Evaluation[M]. NIHR Journals Library, Southampton (UK).

FABER H R, BAKER C J, DAY C L, 1996. Mutation of arginine 121 in lactoferrin destabilizes iron binding by disruption of anion binding: crystal structures of R121S and R121E mutants[J]. Biochemistry, 35(46):14473-14479.

FAN L L, YAO Q Q, WU H M, 2022. Protective effects of recombinant lactoferrin with different iron saturations on enteritis injury in young mice[J]. J Dairy Sci, 105(6):4791-4803.

FRANCESCA B, AJELLO M, BOSSO P, 2004. Both lactoferrin and iron influence aggregation and biofilm formation in Streptococcus mutans[J]. Biometals, 17(3): 271-278.

GAN S D, PATEL K R, 2013. Enzyme Immunoassay and Enzyme-Linked Immunosorbent Assay[J]. Journal of Investigative Dermatology, 133: e12.

GAO Y N, LI S L, YANG X, 2021. The Protective Effects of Lactoferrin on Aflatoxin M1-Induced Compromised Intestinal Integrity[J]. Int J Mol Sci, 23(1): 289.

GIACINTI D, BASIRICO L, RONCHI B, et al., 2013. Lactoferrin concentration in buffalo milk[J]. Italian Journal of Animal Science, 12(1): e23.

GINET V Y, VAN D E, LOOI J V, 2016. Lactoferrin during lactation reduces lipopolysaccharide-induced brain injury[J]. Biofactors, 42(3):323-336.

GONZALEZ-CHAVEZ S A, AREVALO-GALLEGOS, 2009. Lactoferrin: structure, function and applications[J]. Int J Antimicrob Ag, 33(4):301.

GRIFFITHS E A, DUFFY L C, SCHANBACHER F L, 2003. *In vitro* growth responses of bifidobacteria and enteropathogens to bovine and human lactoferrin[J]. Dig Dis Sci, 48(7):1324-1332.

GRIFFITHS J P, JENKINS M, VARGOVA U, 2018. Enteral lactoferrin to prevent infection for very preterm infants: the ELFIN RCT[J]. Health Technol Asses, 22(74):1-60.

GROSSMANN J G, NEU M, PANTOS E, 1992. X-ray solution scattering reveals conformational-changes upon iron uptake in lactoferrin, serum and ovo-transferrins[J]. Journal of Molecular Biology, 225(3): 811–819.

GRUDEN S, POKLAR ULRIH N, 2021. Diverse Mechanisms of Antimicrobial Activities of Lactoferrins, Lactoferricins, and Other Lactoferrin-Derived Peptides[J]. International Journal of Molecular Sciences, 22: 11264.

GRZYWACZ K, BUTCHER J, LI J, et al, 2020. Bovine Lactoferrin Supplementation Does Not Disrupt Microbiota Development in Preterm Infants Receiving Probiotics [J]. J Pediatr Gastroenterol Nutr, 71(2): 216–22.

GU Y, WU J, 2016. Bovine lactoferrin-derived ACE inhibitory tripeptide LRP also shows antioxidative and anti-inflammatory activities in endothelial cells[J]. Journal of Functional Foods, 25: 375–384.

GUTTERIDGE J M C, PATERSON S K, SEGAL A W, 1981. Inhibition of lipid peroxidation by the iron-binding protein lactoferrin [J]. Biochemical Journal, 199(1): 259–261.

HABING G, HARRIS K, SCHUENEMANN G M, et al, 2017. Lactoferrin reduces mortality in preweaned calves with diarrhea [J]. Journal of Dairy Science, 100(5): 3940–3948.

HAMMERSCHMIDT S, BETHE G, REMANE P H, 1999. Identification of pneumococcal surface protein A as a lactoferrin- binding protein of Streptococcus pneumoniae[J]. Infection and immunity, 67(4): 1683–1687.

HAN A L, HAO S J, YANG Y Y, et al.,2020. Perspective on recent developments of nanomaterial based fluorescent sensors: Applications in safety and quality control of food and beverages[J]. Journal of food and drug analysis, 28: 486–507.

HEGAZY R R, MANSOUR D F, SALAMA A A, 2019. Regulation of PKB/Akt-pathway in the chemopreventive effect of lactoferrin against diethylnitrosamine-induced hepatocarcinogenesis in rats[J]. Pharmacol Rep, 71(5):879–891.

HELLMAN L M, FRIED M G, et al., 2007. Electrophoretic mobility shift assay (EMSA) for detecting protein-nucleic acid interactions[J]. Nature Protocols(8): 1849–1861.

HERING N A, LUETTIG J, KRUG S M, 2017. Lactoferrin protects against intestinal inflammation and bacteria-induced barrier dysfunction *in vitro*[J]. Ann N Y Acad Sci, 1405(1): 177–188.

HIROAKI, 1991. Heat stability of bovine lactoferrin at acidic pH[J]. Dairy Sci,74(1):65–71.

HIROTANI Y, IKEDA K, KATO R, 2008. Protective effects of lactoferrin against intestinal mucosal damage induced by lipopolysaccharide in human intestinal Caco-2 cells[J]. Yakugaku Zasshi, 128(9): 1363–1368.

HISS S, MEYER T, SAUERWEIN H, 2008. Lactoferrin concentrations in goat milk throughout lactation[J]. Small Ruminant Research, 80(1–3): 87–90.

HITOSHI, SAITO, HIROSHI, 1996. Effect of iron-free and metal-bound forms of lactoferrin on the growth of bifidobacteria, e. coli and s. aureus[J]. Bioscience & Microflora: 1–7.

HODGKINSON A L, ROSS K M, FAHEY S N, et al., 2008. Quantification of lactoferrin in milk from New Zealand dairy goats[J]. Proceedings of the New Zealand Society of Animal Production, 68: 166–169.

HOFFMAN J M, SIDERI J J, RUIZ, 2018. Mesenteric Adipose-derived stromal cells from crohn's disease patients induce protective effects in colonic epithelial cells and mice with colitis[J]. Cell Mol Gastroenter,

6(1):1–16.

HONG L, PAN M, XIE X, et al., 2021. Aptamer–Based fluorescent biosensor for the rapid and sensitivedetection of allergens in food matrices[J]. Foods, 10(11): 2598.

HORI K, KORIYAMA N, OMORI H, et al., 2012. Simultaneous determination of 3–MCPD fatty acid esters and glycidol fatty acid esters in edible oils using liquid chromatography timeof–flight mass spectrometry[J]. LWT–Food Science and Technology, 48(2): 204–208.

HOU J M, CHEN E Y, LIN F, 2015. Lactoferrin Induces Osteoblast Growth through IGF–1R[J]. Int J Endocrinol, 2015:282806.

HU P, ZHAO D Y, ZHAO F Z, et al., 2019. The Effects of the Combination of Oral Lactoferrin and Iron Injection on Iron Homestasis, Antioxidative Abilities and Cytokines Activities of Suckling Piglets [J]. Animals, 9(7). 438.

HU P, ZHAO F, WANG J, 2020. Lactoferrin attenuates lipopolysaccharide–stimulated inflammatory responses and barrier impairment through the modulation of NF–kappaB/MAPK/Nrf2 pathways in IPEC–J2 cells [J]. Food Funct, 11(10):8516–8526.

HU W, ZHAO J, WANG J, 2012. Transgenic milk containing recombinant human lactoferrin modulates the intestinal flora in piglets[J]. Biochem Cell Biol, 90(3): 485–496.

HUANG J Y, HE Z Y, CAO J, et al., 2018. Electrochemical immunosensor detection for lactoferrin in milk powder International[J]. Journal of Electrochemical Science, 13: 7816–7826.

HUANG S W, SATU–GRACIA M T, FRANKEL E N, 1999. Effect of lactoferrin on oxidative stability of corn oil emulsions and liposomes[J]. Journal of agricultural and food chemistry, 47(4): 1356–1361.

IGLESIAS–FIGUEROA B F, SIQUEIROS–CENDON T S, GUTIERREZ D A, 2019. Recombinant human lactoferrin induces apoptosis, disruption of F–actin structure and cell cycle arrest with selective cytotoxicity on human triple negative breast cancer cells[J]. Apoptosis, 24(7–8):562–577.

IGLESIAS–FIGUEROA B F, VALDIVIEZO–GODINAN, SIQUE IROS–CENDÓN T, et al., 2016. High–level expression of recombinant bovine lactoferrin in Pichia pastoris with antimicrobial activity[J]. International Journal of Molecular Sciences, 17(6): 902.

INDYK H E, FILONZI E L, GAPPER L W, et al., 2006. Determination of minor proteins of bovine milk and colostrum by optical biosensor analysis[J]. Journal of Aoac International, 89(3): 898–902.

ISHII N, RYU M, SUZUKI Y A, 2017. Lactoferrin inhibits melanogenesis by down–regulating MITF in melanoma cells and normal melanocytes [J]. Biochemistry and Cell Biology, 95(1): 119–125.

JAEGGI T, KORTMAN G A, MORETTI D, 2015. Iron fortification adversely affects the gut microbiome, increases pathogen abundance and induces intestinal inflammation in Kenyan infants[J]. Gut, 64 (5):731–742.

JAHAN M S, KRACHT Y H, HAQUE Z, 2017. Dietary lactoferrin supplementation to gilts during gestation and lactation improves pig production and immunity[J]. PLOS ONE, 12(10):e185817.

JAHAN M, FRANCIS N, WANG B, 2020. Milk lactoferrin concentration of primiparous and multiparous sows during lactation[J]. Journal of Dairy Science, 103(8): 7521–7530.

参考文献

JIANG R, LONNERDAL B, 2017. Bovine lactoferrin and lactoferricin exert antitumor activities on human colorectal cancer cells (HT-29) by activating various signaling pathways[J]. Biochem Cell Biol, 95(1):99-109.

JIANG R, LONNERDAL B, 2012. Apo- and holo-lactoferrin stimulate proliferation of mouse crypt cells but through different cellular signaling pathways[J]. Int J Biochem Cell Biol, 44(1): 91-100.

JOHNSTON W H, ASHLEY C, YEISER M, 2015. Growth and tolerance of formula with lactoferrin in infants through one year of age: double-blind, randomized, controlled trial[J]. BMC Pediatr, 15:173.

JOSHI S, SHRESTHA L, BISHT N, et al., 2020. Ethnic and Cultural Diversity amongst Yak Herding Communities in the Asian Highlands[J]. Sustainability, 12(3): 957.

KASKOUS S, PFAFFL M W, 2022. Milk Properties and Morphological Characteristics of the Donkey Mammary Gland for Development of an Adopted Milking Machine-A Review[J]. Dairy, 3(2): 233-247.

KAWAI T, 2021. Recent advances in trace bioanalysis by capillary electrophoresis[J]. Analytical sciences January, 37: 27-36.

KAYA H O, CETINB A E, AZIMZADEH M, et al., 2021.Pathogen detection with electrochemical biosensors: Advantages, challenges and future perspectives[J]. Journal of Electroanalytical Chemistry, 882: 114989.

KE C, LAN Z, HUA L, 2015. Iron metabolism in infants: influence of bovine lactoferrin from iron-fortified formula[J]. Nutrition, 31(2): 304-309.

KEHOE S I, JAYARAO B M, HEINRICHS A J, 2007. A survey of bovine colostrum composition and colostrum management practices on Pennsylvania dairy farms[J]. Journal of Dairy Science, 90(9): 4108-4116.

KELL D B, HEYDEN E L, PRETORIUS E. 2020. The Biology of Lactoferrin, an Iron-Binding Protein That Can Help Defend Against Viruses and Bacteria[J]. Front Immunol, 11:1221.

KHAN J A, KUMAR P, PARAMASIVAM M, et al., 2001. Camel lactoferrin, a transferrin-cum-lactoferrin: crystal structure of camel apolactoferrin at 2.6 Å resolution and structural basis of its dual role[J]. Journal of Molecular Biology, 309(3): 751-761.

KIM J, KO Y, PARK Y K, et al., 2010. Dietary effect of lactoferrin-enriched fermented milk on skin surface lipid and clinical improvement of acne vulgaris [J]. Nutrition, 26(9): 902-909.

KIM W S, OHASHI M, TANAKA T, 2004. Growth-promoting effects of lactoferrin on *L. acidophilus* and *Bifidobacterium* spp[J]. Biometals,17(3):279-283.

KING J C, CUMMINGS G E, GUO N, et al., 2007. A double-blind, placebo-controlled, pilot study of bovine lactoferrin supplementation in bottle-fed infants [J]. Journal of Pediatric Gastroenterology and Nutrition, 44(2): 245-251.

KOIKAWA N, NAGAOKA I, YAMAGUCHI M, 2008. Preventive effect of lactoferrin intake on anemia in female long distance runners[J]. Biosci Biotech Bioch, 72(4):931-935.

KONG X, YANG M, GUO J, 2020. Effects of Bovine Lactoferrin on Rat Intestinal Epithelial Cells[J]. J Pediatr Gastroenterol Nutr, 70(5): 645-651.

KONUSPAYEVA G, FAYE B, LOISEAU G, et al., 2007. Lactoferrin and immunoglobulin contents in camel's milk (Camelus bactrianus, Camelus dromedarius, and hybrids) from Kazakhstan[J]. Journal of Dairy Science, 90(1): 38–46.

KUBAN P, DVORAK M, KUBAN P, et al., 2019. Capillary electrophoresis of small ions and molecules in less conventional human body fluid samples: A review[J]. Analytica Chimica Acta, 1075: 1–26.

KUMAR R, VARSHNEY N, MAHAPATRA S, 2022. Design and development of lactoferrin conjugated lipid-polymer nano-bio-hybrid for cancer theranostics. Mater Today Commun, 31: 103548.

KUSSENDRAGER K, 1994. Effects of heat treatment on structure and ironbinding capacity of bovine lactoferrin[J]. Indigenous antimicrobial agents of milk, 1994: 133–146.

LEGRAND D, 2016. Overview of Lactoferrin as a Natural Immune Modulator[J]. J Pediatr-US, 173 Suppl:S10–S15.

LI F, WU S S, BERSETH C L, et al., 2019. Improved Neurodevelopmental Outcomes Associated with Bovine Milk Fat Globule Membrane and Lactoferrin in Infant Formula: A Randomized, Controlled Trial [J]. Journal of Pediatrics, 215:24–31.

LI H Y, LI P, YANG H G, et al., 2019a. Investigation and comparison of the anti-tumor activities of lactoferrin, alpha-lactalbumin, and beta-lactoglobulin in A549, HT29, HepG2, and MDA231-LM2 tumor models[J]. Journal of Dairy Science, 102(11): 9586–9597.

LI H Y, WANG Y Z, YANG H G, et al., 2019b. Lactoferrin Induces the Synthesis of Vitamin B_6 and Protects HUVEC Functions by Activating PDXP and the PI3K/AKT/ERK1/2 Pathway[J]. International Journal of Molecular Sciences, 20: 587.

LI J, DING X J, CHEN Y Y, et al., 2012. Determination of bovine lactoferrin in infant formula by capillary electrophoresis with ultraviolet detection[J]. Journal of Chromatography A, 1244: 178–183.

LI W, LIU B, LIN Y, et al., 2022. The application of lactoferrin in infant formula: The past, present and future [J]. Critical Reviews in Food Science and Nutrition, 19: 1–20.

LI Y, JIANG H, HUANG G, 2017. Protein hydrolysates as promoters of non-haem iron absorption.Nutrients, 9 (6): 609.

LI Z M, WEN F, LI Z H, et al., 2017. Simultaneous detection of alpha-Lactoalbumin, beta-Lactoglobulin and Lactoferrin in milk by Visualized Microarray[J]. BMC Biotechnol, 17(1): 72.

LIN T T, MELETHARAYIL G, KAPOOR R, et al., 2021. Bioactives in bovine milk: chemistry, technology, and applications[J]. Nutrition Reviews, 79(S2): 48–69.

LIU L Q, KONG D Z, XING C R, et al., 2014. Sandwich immunoassay for lactoferrin detection in milk powder[J]. Analytical Methods, 6: 4742–4745.

LIU M, FAN F, SHI P, 2018. Lactoferrin promotes MC3T3-E1 osteoblast cells proliferation via MAPK signaling pathways. Int J Biol Macromol, 107(Pt A):137–143.

LIU Z S, CHEN P W, 2023. Featured Prebiotic Agent: The Roles and Mechanisms of Direct and Indirect Prebiotic Activities of Lactoferrin and Its Application in Disease Control[J]. Nutrients, 15(12):2759.

LONNERDAL B I, IYER S, 1995. Lactoferrin: molecular structure and biological function[J]. Annual Review of Nutrition, 15: 93–110.

LONNERDAL B, JIANG R, DU X, 2011. Bovine lactoferrin can be taken up by the human intestinal lactoferrin receptor and exert bioactivities[J]. J Pediatr Gastroenterol Nutr, 53(6): 606–614.

LU Y, KE H, WANG Y, et al., 2020. A ratiometric electrochemiluminescence resonance energy transfer platform based on novel dye BODIPY derivatives for sensitive detection of lactoferrin[J]. Biosensors and Bioelectronics, 170: 112664.

LU Y, ZHANG T F, SHI Y, 2016. PFR peptide, one of the antimicrobial peptides identified from the derivatives of lactoferrin, induces necrosis in leukemia cells[J]. SCI REP-UK, 6:20823.

LUNA C, ESTEVEZ M, 2018. Oxidative damage to food and human serum proteins: Radical- mediated oxidation vs. glycoxidation [J]. Food chemistry, 267: 111–118.

LUNA-CASTRO S, CEBALLOS-OLVERA I, BENAVIDES-GONZALEZ F, et al., 2022. Bovine lactoferrin in fish culture: Current research and future directions [J]. Aquaculture Research, 53(3): 735–745.

MAJKA G, WICEK G, RÓTTEK M G, 2016. The impact of lactoferrin with different levels of metal saturation on the intestinal epithelial barrier function and mucosal inflammation[J]. BioMetals, 29(6): 1019–1033.

MALET A E, BOURNAUD, LAN A, 2011. Bovine lactoferrin improves bone status of ovariectomized mice via immune function modulation[J]. Bone, 48(5):1028–1035.

MANZONI P, MEYER M, STOLFI I, et al., 2014. Bovine lactoferrin supplementation for prevention of necrotizing enterocolitis in very-low-birth-weight neonates: a randomized clinical trial [J]. Early Human Development, 90: S60-S5.

MANZONI P, RINALDI M, CATTANI S, et al., 2009. Bovine lactoferrin supplementation for prevention of late-onset sepsis in very low-birth-weight neonates a randomized trial [J]. Jama-Journal of the American Medical Association, 302(13): 1421–1428.

MANZONI P, STOLFI I, MESSNER H, et al, 2012. Bovine Lactoferrin Prevents Invasive Fungal Infections in Very Low Birth Weight Infants: A Randomized Controlled Trial [J]. Pediatrics, 129(1): 116–123.

MAO K, DU H Q, BAI L C, et al., 2017. Poly (2-methyl-2-oxazoline) coating by thermally induced immobilization for determination of bovine lactoferrin in infant formula with capillary electrophoresis[J]. Talanta, 168: 230–239.

MARILLER C, HARDIVILLÉ S, HOEDT E, et al., 2012. Delta-lactoferrin, an intracellular lactoferrin isoform that acts as a transcription factor[J]. Biochemistry and Cell Biology, 90(3): 307–319.

MASUM A K M, CHANDRAPALA J, HUPPERTZ T, et al, 2021. Production and characterization of infant milk formula powders: A review [J]. Drying Technology, 39(11): 1492–1512.

ME C, LAN Z, HUA L, et al., 2015. Iron metabolism in infants: influence of bovine lactoferrin from iron-fortified formula [J]. Nutrition, 31(2): 304–309.

MIKULIC N, UYOGA M A, MWASI E, 2020. Iron Absorption is Greater from Apo-Lactoferrin and is

Similar Between Holo-Lactoferrin and Ferrous Sulfate: Stable Iron Isotope Studies in Kenyan Infants[J]. J Nutr,150(12):3200-3207.

MONTAGNE P, CUILLIERE M L, MOLE C, et al., 2001. Changes in lactoferrin and lysozyme levels in human milk during the first twelve weeks of lactation[J]. Advances in Experimental Medicine and Biology 501: 241-247.

MOORE S A, ANDERSON B F, GROOM C R, et al.,1997. Three-dimensional Structure of Diferric Bovine Lactoferrin at 2.8 Å Resolution[J]. Journal of Molecular Biology, 274: 222-236.

MORITA Y, ISHIKAWA K, NAKANO M, et al., 2017. Effects of lactoferrin and lactoperoxidase-containing food on the oral hygiene status of older individuals: A randomized, double blinded, placebo-controlled clinical trial [J]. Geriatrics & Gerontology International, 17(5): 714-721.

MUELLER E A, TRAPP S, FRENTZEL A, et al., 2011. Efficacy and tolerability of oral lactoferrin supplementation in mild to moderate acne vulgaris: an exploratory study [J]. Current Medical Research and Opinion, 27(4): 793-797.

NASERI M, HALDER A, MOHAMMADNIAEI M, et al., 2021. A multivalent aptamer-based electrochemical biosensor for biomarker detection in urinary tract infection[J]. Electrochimica Acta, 389: 138644.

NGUYEN D N, LI Y, SANGILD P T, 2014. Effects of bovine lactoferrin on the immature porcine intestine[J]. Br J Nutr, 111(2): 321-331.

NIAZ B, SAEED F, AHMED A, et al., 2019. Lactoferrin (LF): a natural antimicrobial protein[J]. International Journal of Food Properties, 22(1): 1626-1641.

NOWAK P, ŚPIEWAK K, BRINDELL M, et al.,2013. Separation of iron-free and iron-saturated forms of transferrin and lactoferrin via capillary electrophoresis performed in fused-silica and neutral capillaries[J]. Journal of Chromatography A, 1321(4): 127-132.

OCHOA T J, CHEA-WOO E, BAIOCCHI N, 2013. Randomized double-blind controlled trial of bovine lactoferrin for prevention of diarrhea in children[J]. J Pedlatr-US, 162(2):349-356.

OCHOA T J, ZEGARRA J, BELLOMO S, et al., 2020. Randomized controlled trial of bovine lactoferrin for prevention of sepsis and neurodevelopment impairment in infants weighing less than 2000 grams [J]. Journal of Pediatrics, 219: 118-125.

OCHOA T J, ZEGARRA J, CAM L, et al., 2015. Randomized controlled trial of lactoferrin for prevention of sepsis in peruvian neonates less than 2500 g [J]. Pediatric Infectious Disease Journal, 34(6): 571-576.

OGATA T, TERAGUCHI S, SHIN K, 1998. The mechanism of *in vivo* bacteriostasis of bovine lactoferrin[J]. Adv Exp Med Biol, 443: 239-246.

OGUNRINOLA G A, OYEWALE J O, OSHAMIKA O O, 2020. The Human Microbiome and Its Impacts on Health[J]. Int J Microbiol, 2020: 8045646.

OKUDA M T, NAKAZAWA, YAMAUCHI K, 2005. Bovine lactoferrin is effective to suppress Helicobacter pylori colonization in the human stomach: a randomized, double-blind, placebo-controlled study[J]. J Infect Chemother, 11(6):265-269.

OLIVER S P, DUBY R T, PRANGE R W, 1984. Residues in colostrum following antibiotic dry cow therapy[J]. Journal of dairy science, 67(12): 3081–3084.

ONG M L, BELFORT M B, 2021. Preterm infant nutrition and growth with a human milk diet [J]. Seminars in Perinatology, 45(2). 151383.

ORAM J D, REITER B, 1968. Inhibition of bacteria by lactoferrin and other iron- chelating agents[J]. Biochimica et Biophysica Acta (BBA)–General Subjects, 170(2): 351–365.

OSTERTAG F, HINRICHS J, 2023. Enrichment of Lactoferrin and Immunoglobulin G from Acid Whey by Cross-Flow Filtration[J]. Foods, 12(11): 2163.

OSTERTAG F, SOMMER D, BERENSMEIER S, et al., 2022. Development and validation of an enzyme-linked immunosorbent assay for the determination of bovine lactoferrin in various milk products[J]. International Dairy Journal, 125: 105246.

OTAKE K, SATO N, KITAGUCHI A, 2018. The Effect of Lactoferrin and Pepsin-Treated Lactoferrin on IEC-6 Cell Damage Induced by Clostridium Difficile Toxin B[J]. Shock, 50(1): 119–125.

OUSSAIEF O, JRAD Z, ADT I, et al., 2022. Antioxidant, lipase and ACE - inhibitory properties of camel lactoferrin and its enzymatic hydrolysates[J]. International Journal of Dairy Technology, 76(1): 126–137.

PAGLIARINI E, SOLAROLI G, PERI C, 1993. Chemical and physical characteristics of mare's milk[J]. Italian Journal of Food Science, (5)4: 323–332.

PARK S Y, JEONG A J, 2017. Lactoferrin Protects Human Mesenchymal Stem Cells from Oxidative Stress-Induced Senescence and Apoptosis[J]. J Microbiol Biotechn, 27(10):1877–1884.

PENG P, LIU C, LI Z D, et al, 2022. Emerging ELISA derived technologies for in vitro diagnostics[J]. Trends in Analytical Chemistry,152: 116605.

PIETRANTONI A, FORTUNA C, REMOLI M E, 2015. Bovine lactoferrin inhibits Toscana virus infection by binding to heparan sulphate[J]. Viruses-Basel, 7(2):480–495.

PIETRANTONI A, DI BIASE M, TINARI A, 2003. Bovine lactoferrin inhibits adenovirus infection by interacting with viral structural polypeptides[J]. Antimicrob Agents Ch, 47(8):2688–2691.

PUDDU P, LATORRE D, CAROLLO M, 2011. Bovine lactoferrin counteracts Toll-like receptor mediated activation signals in antigen presenting cells[J]. PLoS One, 6(7): e22504.

QIU J, HENDRIXSON D R, BAKER E N, 1998. Human milk lactoferrin inactivates two putative colonization factors expressed by Haemophilus influenzae[J]. Proceedings of the National Academy of Sciences, 95(21): 12641–12646.

RAFIQUE B, IQBAL M, MEHMOOD T, et al., 2019. Electrochemical DNA biosensors: a review[J]. Sensor Review, 39: 34–50.

RAI D, ADELMAN A S, ZHUANG W H, et al., 2014. Longitudinal changes in lactoferrin concentrations in human milk: a global systematic review[J]. Critical Reviews In Food Science and Nutrition, 54(12): 1539–1547.

RASCON-CRUZ Q, ESPINOZA-SANCHEZ E A, SIQUEIROS-CENDON T S, et al., 2021. Lactoferrin: a glycoprotein involved in immunomodulation, anticancer, and antimicrobial processes[J]. Molecules, 26(1): 205.

RASTOGI N, SINGH A, SINGH P K, et al., 2016. Structure of iron saturated C-lobe of bovine lactoferrin at pH 6.8 indicates a weakening of iron coordination[J]. Proteins, 84(5): 591–599.

RAZAK A, HUSSAIN A. 2021. Lactoferrin supplementation to prevent late-onset sepsis in preterm infants: a meta-analysis[J]. Am J Perinat, 38(3):283–290.

REDWAN E M, UVERSKY V N, EL-FAKHARANY E M, 2014. Potential lactoferrin activity against pathogenic viruses[J]. Cr Biol, 337(10):581–595.

REZNIKOV E A, COMSTOCK S S, YI C, 2014. Dietary bovine lactoferrin increases intestinal cell proliferation in neonatal piglets[J]. J Nutr, 144(9): 1401–1408.

ROSA L, LEPANTO M S, CUTONE A, et al., 2021. Lactoferrin and oral pathologies: a therapeutic treatment [J]. Biochemistry and Cell Biology, 99(1): 81–90.

ROY K, PATEL Y S, KANWAR R K, 2016. Biodegradable Eri silk nanoparticles as a delivery vehicle for bovine lactoferrin against MDA-MB-231 and MCF-7 breast cancer cells[J]. International Journal of Nanomedicine, 11(Issue 1): 25–44.

RYBARCZYK J, KIECKENS E, VANROMPAY D, 2017. *In vitro* and *in vivo* studies on the antimicrobial effect of lactoferrin against *Escherichia coli* O157: H7[J]. Veterinary microbiology, 202: 23–28.

SAARINEN U M, SIIMES M A, DALLMAN P R. 1977. Iron absorption in infants: high bioavailability of breast milk iron as indicated by the extrinsic tag method of iron absorption and by the concentration of serum ferritin[J]. J Pedlatr-US, 91(1):36–39.

SAFAEIAN L S, JAVANMARD H, MOLLANOORI Y, 2015. Cytoprotective and antioxidant effects of human lactoferrin against H_2O_2-induced oxidative stress in human umbilical vein endothelial cells [J].Adv Biomed Res-India, 4:188.

SAITO H, TAKASE M, TAMURA Y, et al., 1994. Physicochemical and antibacterial properties of lactoferrin and its hydrolysate produced by heat treatment at acidic pH [J]. Advances in experimental medicine and biology, 357: 219–226.

SAM B, GEORGE L, VARGHESE A, et al.,2021. Fluoresce in based fluorescence sensors for the selective sensing of various analytes[J]. Journal of Fluorescence, 31: 1251–1276.

SANCHEZ C, FRANCO L, REGAL P, et al., 2021. Breast milk: a Source of functional compounds with potential application in nutrition and therapy [J]. Nutrients, 13(3): 1026.

SCHIEPPATI D, PATIENCE N A, CAMPISI S, et al., 2021. Experimental methods in chemical engineering: High performance liquid chromatography—HPLC[J]. Canadian Society for Chemical Engineering, 99: 1663–1682.

SREEDHARA A, FLENGSRUD R, PRAKASH V, et al., 2010. A comparison of effects of pH on the thermal stability and conformation of caprine and bovine lactoferrin[J]. International dairy journal, 20 (7): 487–494.

SHIMAMURA M, YAMAMOTO Y, ASHINO H, 2004. Bovine lactoferrin inhibits tumor-induced angiogenesis.

Ini J Cancer, 111(1):111–116.

SHIMAZAKI K I, OOTA K, NITTA K, et al., 1994. Comparative study of the ironbinding strengths of equine, bovine and human lactoferrins[J]. Journal of Dairy Research, 61: 563–566.

SHIN K, WAKABAYASHI H, YAMAUCHI K, 2005. Effects of orally administered bovine lactoferrin and lactoperoxidase on influenza virus infection in mice[J]. J Med Microbiol, 54(Pt 8):717–723.

SIDDHANT M, SMITA G, VAISHALI J, et al., 2018. HPLC–High performance liquid chromatography & UPLC–Ultra performance liquid chromatographic system–A review on modern liquid chromatography[J]. Indo American Journal of Pharmaceutical Science, 5(8): 7590–7602.

SILVA E G d S O, RANGEL A H d N, MÜRMAM L, et al., 2019. Bovine colostrum: benefits of its use in human food[J]. Food Science and Technology, 39(suppl 2): 355–362.

SINGH A, SHARMA A, AHMED A, et al.,2021. Recent advances in electrochemical biosensors:applications, challenges, and future scope[J]. Biosensors,11: 336.

SINGH T P, ARORA S, SARKAR M, 2023. Yak milk and milk products: Functional, bioactive constituents and therapeutic potential[J]. International Dairy Journal, 142: 105637.

SOHRABI S M, NIAZI A, CHAHARDOLI, et al., 2014. In silico investigation of lactoferrin protein characterizations for the prediction of anti–microbial properties[J]. Molecular Biology Research Communications, 3(2): 85–100.

SORENSEN M, SORENSEN S P L, 1940. The proteins in whey[J]. Compte rendu des Travaux du Laboratoire de Carlsberg, Ser Chim, 23(7): 55–99.

STEIJNS J M, HOOIJDONK A C M V, 2000. Occurrence, structure, biochemical properties and technological characteristics of lactoferrin[J]. British Journal of Nutrition, 84(S1): 11–17.

SUMIGRAY K D, TERWILLIGER M, LECHLER T, 2018. Morphogenesis and Compartmentalization of the Intestinal Crypt. Dev Cell, 45(2): 183–197.

HUANG SY, WANG X, CONG W T, et al., 2014. Sequential double fluorescent detections of total proteins and phosphoproteins in SDS–PAGE[J]. Electrophoresis, 35(8): 1089–1098.

TABATABAEI M S, ISLAM R, AHMED M, et al., 2021. Applications of gold nanoparticles in ELISA, PCR, and immuno–PCR assays: A review[J]. Analytica Chimica Acta, 1143: 250–266.

TAKAKURA N, WAKABAYASHI H, ISHIBASHI H, 2003. Oral lactoferrin treatment of experimental oral candidiasis in mice[J]. Antimicrob Agents Ch, 47(8):2619–2623.

TIAN H, MADDOX I S, FERGUSON L R, 2010. Influence of bovine lactoferrin on selected probiotic bacteria and intestinal pathogens[J]. Biometals, 23(3):593–596.

TOMASELLO E, BEDOUI S, 2013. Intestinal innate immune cells in gut homeostasis and immunosurveillance.[J] Immunol Cell Biol, 91(3): 201–203.

TRENTINI A, MARITATI M, ROSTA V, 2020. Vaginal Lactoferrin Administration Decreases Oxidative Stress in the Amniotic Fluid of Pregnant Women: An Open–Label Randomized Pilot Study[J]. Front Med–Lausanne,

7:555.

UENO H, SATO T, YAMAMOTO S, 2006. Randomized, double-blind, placebo-controlled trial of bovine lactoferrin in patients with chronic hepatitis C[J]. Cancer Sci, 97(10):1105-1110.

UNIACKE-LOWE E, HUPPERTZ T, FOX P F, 2010. Equine milk proteins: Chemistry, structure and nutritional significance[J]. International Dairy Journal, 20: 609-629.

VALK-WEEBER R L, ESHUIS-DE RUITER T, DIJKHUIZEN L, et al., 2020. Dynamic temporal variations in bovine lactoferrin glycan structures[J]. Journal of Agricultural and Food Chemistry, 68(2): 549-560.

VANDROVCOVA M, DOUGLAS T E, HEINEMANN S, 2015. Collagen-lactoferrin fibrillar coatings enhance osteoblast proliferation and differentiation[J]. J Biomed Mater Res A, 103(2):525-533.

VAZQUEZ M I, CATALAN-DIBENE J, ZLOTNIK A, 2015. B cells responses and cytokine production are regulated by their immune microenvironment[J]. Cytokine, 74(2): 318-326.

VOGEL H J, 2012. Lactoferrin, a bird's eye view[J]. Biochem Cell Biol, 90(3): 233-244.

VOLDEN J, JØRGENSEN C E, RUKKE E O, 2012 Oxidative properties of lactoferrins of different iron-saturation in an emulsion consisting of metmyoglobin and cod liver oil[J]. Food chemistry, 132(3): 1236-1243.

WADA T, AIBA Y, SHIMIZU K, 1999. The therapeutic effect of bovine lactoferrin in the host infected with *Helicobacter pylori*[J]. Scand J Gastroentero, 34(3):238-243.

WAKABAYASHI H, UCHIDA K, YAMAUCHI K, 2000. Lactoferrin given in food facilitates dermatophytosis cure in guinea pig models[J]. J Antimicrob Chemoth, 46(4):595-602.

WAKABAYASHI H, KONDO I, KOBAYASHI T, 2010. Periodontitis, periodontopathic bacteria and lactoferrin[J]. Biometals, 23(3): 419-424.

WAKABAYASHI H, YAMAUCHI K, TAKASE M, 2006. Lactoferrin research, technology and applications [J]. International Dairy Journal, 16(11): 1241-1251.

WANG B, TIMILSENA Y P, BLANCH E, et al., 2019. Lactoferrin: Structure, function, denaturation and digestion[J]. Critical Reviews in Food Science and Nutrition, 59(4): 580-596.

WANG J, LI Q, OU Y, 2011. Inhibition of tumor growth by recombinant adenovirus containing human lactoferrin through inducing tumor cell apoptosis in mice bearing EMT6 breast cancer[J]. Arch Pharm Res, 34(6):987-995.

WANG M Y, GONG Q, LIU W F, et al., 2022. Applications of capillary electrophoresis in the fields of environmental, pharmaceutical, clinical, and food analysis (2019-2021) [J]. Journal of Separation science, 45(11): 1918-1941.

WANG R Z, WANG J C, LIU H M, et al., 2021. Sensitive immunoassays based on specific monoclonal IgG for determination of bovine lactoferrin in cow milk samples[J]. Food Chemistry, 338: 127820.

WANG S, ZHOU J, XIAO D, 2021. Bovine Lactoferrin Protects Dextran Sulfate Sodium Salt Mice Against Inflammation and Impairment of Colonic Epithelial Barrier by Regulating Gut Microbial Structure and Metabolites[J]. Front Nutr, 8:660598.

WANG W P, IIGO M, SATO J, 2000. Activation of intestinal mucosal immunity in tumor-bearing mice by lactoferrin[J]. Jpn J Cancer Res, 91(10): 1022-1027.

WANG X X, ZHAO Y N, WANG T, et al., 2021. Carboxyl-rich carbon dots as highly selective and sensitive fluorescent sensor for detection of Fe^{3+} in water and lactoferrin[J]. Polymers,13: 4317.

WANG X Y, GUO H Y, ZHANG W, 2013. Effect of iron saturation level of lactoferrin on osteogenic activity *in vitro* and *in vivo*[J]. J Dairy Sci, 96(1):33-39.

WANG X, HIRMO S, WILLEN R, 2001. Inhibition of *Helicobacter pylori* infection by bovine milk glycoconjugates in a BALB/ cA mouse model[J]. Journal of medical microbiology, 50(5):430-435.

WEI L, LIU C, WANG J, 2021. Lactoferrin is required for early B cell development in C57BL/6 mice[J]. J Hematol Oncol, 14(1): 58.

WEN P, ZHANG W, WANG P, 2021. Osteogenic effects of the peptide fraction derived from pepsin-hydrolyzed bovine lactoferrin[J]. J Dairy Sci, 104(4):3853-3862.

WOLF J S, LI G, VARADHACHARY A, 2007. Oral lactoferrin results in T cell-dependent tumor inhibition of head and neck squamous cell carcinoma *in vivo*[J]. Clin Cancer Res, 13(5):1601-1610.

WRONOWSKI M F, KOTOWSKA M, BANASIUK M, 2021. Bovine lactoferrin in the prevention of antibiotic-associated diarrhea in children: A randomized clinical trial[J]. Front Pediatr, 9:675606.

WU D, SEDGWICK A C, GUNNLAUGSSON T, et al., 2017. Fluorescent chemosensors: the past, present and future[J]. Chemical Society Reviews, 46(23): 7097-7472.

WU H, GAO Y, LI S, 2021. Lactoferrin Alleviated AFM_1-Induced Apoptosis in Intestinal NCM 460 Cells through the Autophagy Pathway[J]. Foods, 11(1): 23.

XU X X, JIANG H R, LI H B, 2010. Apoptosis of stomach cancer cell SGC-7901 and regulation of Akt signaling way induced by bovine lactoferrin[J]. J Dairy Sci, 93(6):2344-2350.

YANG T S, WU S C, 2000. Serum and milk lactoferrin concentration and the correlation with some blood components in lactating sows[J]. Research in Veterinary Science, 69(1): 95-97.

YANG Z Y, JIANG R L, CHEN Q, et al., 2018. Concentration of Lactoferrin in Human Milk and Its Variation during Lactation in Different Chinese Populations[J]. Nutrients, 10(9): 1235.

YNGA-DURAND M, TAPIA-PASTRANA G, REBOLLAR-RUIZ X A, 2021. Temporal dynamics of T helper populations in the proximal small intestine after oral bovine lactoferrin administration in BALB/c Mice[J]. Nutrients, 13(8): 2852.

YOUNT N Y, ANDRES M T, FIERRO J F, et al., 2007. The γ-core motif correlates with antimicrobial activity in cysteine-containing kaliocin-1 originating from transferrins[J]. Biochim Biophys Acta, 1768(11): 2862-2872.

ZEINEB J, NADIA O, ISABELLE A, et al., 2015. Camel colostrum: Nutritional composition and improvement of the antimicrobial activity after enzymatic hydrolysis[J]. Emirates Journal of Food and Agriculture, 27(4): 384-389.

ZHANG J, LING T, WU H, 2015. Re-expression of Lactotransferrin, a candidate tumor suppressor inactivated by promoter hypermethylation, impairs the malignance of oral squamous cell carcinoma cells[J]. J Oral Pathol

Med, 44(8):578–584.

ZHANG M, ASGHAR S, TIAN C, 2021. Lactoferrin/phenylboronic acid-functionalized hyaluronic acid nanogels loading doxorubicin hydrochloride for targeting glioma[J]. Carbohyd Polym, 253:117194.

ZHANG Y, LIMA C F, RODRIGUES L R. 2014. Anticancer effects of lactoferrin: underlying mechanisms and future trends in cancer therapy[J]. Nutr Rev, 72(12):763–773.

ZHANG Y, CHEN N, XIN N, 2022. Complexation of chlorogenic acid enhances the antiproliferative effect of lactoferrin to colon cancer cells[J]. Food Biosci 46: 101601.

ZHANG Y, WANG X, QIU Y, et al., 2014. Effect of Indomethacin and Lactoferrin on human tenocyte rroliferation and collagen formation in $vitro$[J]. Biochemical and biophysical research communications, 454(2): 301–307.

ZHENG N, ZHANG H, LI S, 2018. Lactoferrin inhibits aflatoxin B_1- and aflatoxin M_1-induced cytotoxicity and DNA damage in Caco-2, HEK, Hep-G2, and SK-N-SH cells[J]. Toxicon, 150: 77–85.

ZHU C, LI L S, YANG G, et al., 2019. High-efficiency selection of aptamers for bovine lactoferrin by capillary electrophoresis and its aptasensor application in milk powder[J]. Talanta, 205: 120088.

ZONG X, HU W, SONG D, 2016. Porcine lactoferrin-derived peptide LFP-20 protects intestinal barrier by maintaining tight junction complex and modulating inflammatory response[J]. Biochem Pharmacol, 104: 74–82.